U0314252

Manus AI智能体
从入门到精通

李艮基 著

化学工业出版社

·北京·

内 容 简 介

本书是一本全面解析Manus应用的实战指南，旨在帮助读者从零基础入门到深入掌握AI赋能的智能工作流。本书不仅介绍Manus的基本概念，还详细解析其在智慧生活、学习效率提升、副业拓展、职场效能等领域的核心应用，帮助读者高效管理时间、提升创造力、优化决策，真正让AI成为个人智慧助理。

本书采用由浅入深、理论结合实战的方式，涵盖AI认知、提示词黄金法则、智能财务管理、创意内容生成、精准职业规划、论文写作辅助、市场分析自动化等实战应用。无论你是希望通过AI提高工作效率的职场人士，还是想利用智能工具拓展副业的新手创业者，本书都将提供清晰的操作指南，让你快速上手，掌握AI时代的核心竞争力。本书将带你探索AI赋能的无限可能，让AI成为你的智慧伙伴，助你在未来世界中脱颖而出。

图书在版编目（CIP）数据

Manus AI智能体从入门到精通 / 李艮基著. -- 北京：化学工业出版社，2025. 4. -- ISBN 978-7-122-47876-4

Ⅰ. TP18

中国国家版本馆CIP数据核字第2025VS1991号

责任编辑：杨　倩　　　　　　　　　　　　　封面设计：沈志翔
责任校对：刘　一　　　　　　　　　　　　　装帧设计：盟诺文化

出版发行：化学工业出版社（北京市东城区青年湖南街13号　邮政编码100011）
印　　装：河北鑫兆源印刷有限公司
710mm×1000mm　1/16　印张8³/₄　字数145千字　2025年6月北京第1版第1次印刷

购书咨询：010-64518888　　　　　　　　　售后服务：010-64518899
网　　址：http://www.cip.com.cn
凡购买本书，如有缺损质量问题，本社销售中心负责调换。

定　　价：49.00元

前 言

当你翻开这本书时，你正站在人工智能时代的一个关键节点上，AI已不再是简单的工具，而是能深度融入生活、学习、工作甚至商业决策的智能伙伴。

过去几年，AI技术经历了爆炸式发展，从早期的简单问答机器人，到如今能自主分析、预测、决策的智能体（Agent），我们正经历一场技术革命。Manus就是这场革命的代表之一———它不再局限于被动执行指令，而是能理解复杂需求、优化流程，甚至主动提供策略，并最终交付成果，是真正能帮助我们干活的"手"。

如何让普通人也能高效驾驭AI，让它真正成为提升效率、创造价值的伙伴？我曾与许多使用AI的朋友交流，发现一个普遍现象：大多数人仍停留在"问答式"使用阶段，比如让AI写邮件、查资料，但AI的潜力远不止于此。

它可以像财务顾问一样，分析你的资产配置，优化投资策略；
它能像职业规划师一样，结合行业趋势，帮你找到最佳发展路径；
它甚至能像商业分析师一样，推演市场变化，辅助决策。

然而，90%的用户只发挥了AI 10%的能力。究其原因，并非技术限制，而是大多数人尚未掌握与AI高效协作的方法。这本书的目标，就是帮你跨越这一障碍，从"会用"到"精通"，让Manus成为你的超级助手。

这本书拥有一套完整的"人机协作"思维体系，以全案例讲解。我们将从底层认知重构开始，带你理解AI智能体与传统工具的本质区别；然后通过精心设计的训练方法，帮助你培养"AI思维"，这种思维能让你自然地用AI优化决策、预测趋势、创造价值。并围绕三个维度展开讲解：认知重构、能力培养和场景突破。在认知层面，我们将打破"AI只是工具"的思维定势，建立"智能伙伴"

的新范式；在能力层面，重点训练结构化表达、流程优化和预测性思维等核心技能；在场景应用上，则聚焦那些AI能带来10倍效率提升的关键领域。

三层结构化表达法，是我经过数百次人机交互实验总结出的黄金法则。它能帮助你将模糊的想法转化为AI可执行的精准指令，这个技巧足以让你的AI使用效率得到大幅提升。无论你是职场人士、创业者、研究者，还是终身学习者，都能在这里找到突破性的方法。

过去，我们或许会担心"AI是否会取代人类？"但真正的问题并不是AI是否会取代我们，而是那些会使用AI的人是否会取代不会使用AI的人。在这个智能化时代，人与AI的关系已经从对立走向共生，关键在于你是否能正确驾驭这股智能浪潮。

掌握Manus，不仅仅是学习一款工具，更是在学习如何更高效地生活、工作和创造。用Manus节省80%重复工作的时间；让Manus帮你发现人脑容易忽略的机会；用Manus构建自己的智能决策系统。无论你是学生、职场人士，还是想要拓展副业的人，都能在这本书中找到适合自己的AI应用方式。

今后，AI将像水电一样普及。能否高效利用AI，将决定你的个人竞争力上限。我将带你学会如何与AI协作，放大你的能力。

2025年4月

目 录

CONTENTS

第 **1** 章

认识 Manus AI 智能助手

1.1 从工具到伙伴：Manus的认知革命

人工智能（Artificial Intelligence，简称AI），是模拟人类智能行为的技术。随着技术的不断进步，AI领域出现了许多分支，其中最引人注目的是通用人工智能（Artificial General Intelligence，简称AGI），它的诞生标志着科技发展的一个重要里程碑。全球首款通用人工智能Manus的问世，实现了从理论探索到实际应用的历史性跨越。这一突破不仅重新定义了机器智能的边界，也开启了人类与高级智能系统深度协作的新时代。想象一下，人类与智能体如同最佳搭档，共同攻克各种难题的时代开启了。

传统的人工智能（Artificial Intelligence，简称AI）系统主要应用于特定领域的任务处理，例如识别图像或理解语音，但其能力受限于预设的算法和训练数据。而AGI则如同全能选手，能够跨领域学习，解决各种新任务，并适应环境变化。这种学习机制使AGI能够在几乎没有标注数据的情况下，自主构建知识框架，实现持续成长与进步。

在这个智能新时代，人类与AGI将携手探索知识的边界，共同应对各种挑战，创造更加美好的未来。这种新型的人机关系将深刻改变我们的社会、工作、教育和文化，引领人类进入一个全新的文明阶段。正如量子计算突破了经典计算的界限，AGI的成熟也将重新定义"智能"的含义，为人类文明开启新的篇章。

作为AGI领域的明星产品，Manus智能体的出现令人瞩目。它融合了深度学习和符号推理的优势，将感知与逻辑判断完美结合，效率卓越且决策过程透明。此外，Manus的多模态认知引擎能够实现文字、图片、声音等信息的无缝转换，打破了传统人工智能的信息处理壁垒。其分布式心智模型还能同时处理多项任务，在复杂系统管理方面表现出色，远超传统AI。

在智能科技的发展历程中，专门用途的人工智能与通用型智能助手之间的差异正变得愈发显著。DeepSeek和Manus作为两种不同智能系统的代表，不仅彰显了技术上的独特性，更体现了对智能本质的不同理解。

DeepSeek是一款基于深度神经网络的认知系统，其核心可以被视为一个在高维特征空间中进行模式匹配的专家（见图1-1）。它通过精确分析输入的1600维特征向量，在预设的决策树框架内生成精准的输出结果。在诸如金融风险评估等特定任务中，DeepSeek展现出了卓越的准确性。然而，当面对需要跨领域处理的任务时，例如同时应对文本摘要和蛋白质结构预测的挑战，其系统响应质量会出现显著下降。相比之下，Manus（见图1-2）采用了更为先进的神经符号混合架构，这一创新设计提供了一种全新的认知范式。该架构由多模态感知网络、符号推理引擎以及元认知模块三层结构共同构成，使得Manus能够高效整合来自不同领域的信息，无论是气象数据还是交通流量，都能游刃有余地处理。其决策效率相较于传统系统，有着显著提升。

图 1-1 DeepSeek 官网

图 1-2 Manus 官网

人工智能的知识体系通常呈现孤岛式分布。以DeepSeek为例，其图像识别模块在识别犬科动物时准确率较高，但当需要识别猫科动物时，却必须重新加载大量训练数据，这无疑带来了高昂的扩展成本。相比之下，Manus则展现出截然不同的特性。其知识表征系统巧妙地模仿了生物神经网络的工作机制，构建了一个统一的知识图谱，将不同领域的概念节点紧密连接起来。当面对新型无人机操控任务时，在新型无人机操控场景中，Manus系统通过跨域知识图谱自动映射技术，实现空气动力学原理与机电控制逻辑的深度耦合。该系统采用增量式模型优化架构，可在有限调试周期内完成操作技能迁移，其动态参数补偿机制显著提升了知识迁移效率，使复杂设备的操控适应性远超传统训练模式。

传统的AI系统在决策过程中，通常局限于在特定约束条件下搜索最优解。以DeepSeek为例，在供应链优化任务中，它需要遍历数亿种可能的路径，整个过程耗时长达45分钟。而Manus则引入了类比推理机制，通过精准提取历史决策中的关键特征维度，构建了一个可解释的决策框架。在疫情防控模拟中，Manus能够在短短8秒内迅速生成包含疫苗分配、交通管制等在内的综合方案。这种启发式决策能力的展现，标志着智能系统已经开始具备战略思维的特征。如表1-1所示，DeepSeek和Manus的核心技能对比清晰地体现了AI与AGI之间的显著差异。

表1-1　DeepSeek 和 Manus 的对比

对比维度	DeepSeek AI	Manus AI（AGI）
公司背景	成立于2021年，专注于大语言模型和多模态AI技术的研发	成立于2022年的Monica公司，专注于通用人工智能（AGI）的技术突破
核心技术定位	以文本生成、对话理解为核心，提供多语言支持的大语言模型	以全流程任务执行为核心，开发具备自主规划、执行和反馈的通用人工智能代理
核心功能	文本生成与对话理解、多模态内容处理（文本、图像、音频）、开发者API调用	端到端任务自动化（如简历筛选、数据分析）、多代理协同系统、自主决策与动态优化
应用场景	内容创作（文章、脚本）、客服对话系统、代码辅助生成、个性化推荐	智能招聘流程、复杂数据分析与可视化、房地产研究与决策支持、企业级任务自动化
技术架构	单一模型架构，依赖预训练语言模型和微调技术	多代理系统架构，整合多个专用模型协同工作（如任务解析、资源调度、执行引擎等）
模型类型	大语言模型（LLM），侧重文本理解和生成能力	通用人工智能（AGI）代理，侧重任务规划与执行能力
开源情况	部分模型开源，提供API接口和SDK支持	计划开源部分核心模块（如任务解析引擎），但整体架构仍为闭源技术
目标用户	开发者、企业（如内容平台、客服系统）、个人创作者	企业级用户（如招聘、金融、房地产）、技术团队（复杂数据分析）、需要全流程自动化支持的场景
核心优势	高质量文本生成能力、支持多语言与多模态任务、开发者友好型API	全流程自主任务执行、动态学习与自适应优化、复杂问题的端到端解决方案
局限性	依赖预设指令，无法自主拆分复杂任务、对特定领域知识需额外训练	多代理系统复杂度高，部署成本较高、部分功能仍需人工监督（如敏感数据操作）

DeepSeek的性能在很大程度上受限于其初始训练数据的规模。一旦环境参数发生超出一定范围的变化，其性能便会迅速下降。而Manus则通过采用动态知识

蒸馏框架，每周自主吸收数千篇学术论文和上百万条实时数据，实现了持续学习和自我进化。

从技术哲学的宏观视角来看，从DeepSeek到Manus的跨越，不仅标志着技术的巨大进步，更是智能形态的一次质的飞跃。Manus能够在古典文学研究中发掘出《神曲》与庄子哲学的深刻思想共鸣，以及在粒子物理实验中提出超越标准模型的创新性假设。这些创造性思维的不断涌现，充分表明机器智能正在逐步突破其作为单纯工具的属性，向着成为人类认知伙伴的角色转变。这一转变正在深刻地重塑知识生产的范式，为人类文明开启了一个全新的"人机共生"纪元。在这一进程中，深入理解和把握专用型与通用型智能体的本质差异，对于我们准确判断技术的发展方向具有至关重要的意义。

Manus利用深度生成对抗网络和风格迁移技术，打造了一个有自己审美眼光的创作系统。在设计界，这个系统能深入挖掘品牌基因库里的设计元素，再结合最新的网络热点和市场趋势，创造出和品牌形象高度契合的动态视觉方案。更关键的是，Manus还能与人类艺术家协作学习，创作出融合各种风格的原创作品，赢得专业评审团一致好评。这种创意飞跃，得益于Manus的类比推理模块，使创意从表层模仿进化为深层创新。

Manus的决策大脑，将因果推理和贝叶斯网络相结合，构建出高度可解释的决策框架，实现了从简单的关联分析到复杂因果推理的跨越。Manus把规划、创意和决策这三大招数玩得炉火纯青。它能理解环境，并判断价值，简直就是产业变革的超级引擎。在制造业，它作为"超级大脑"，可实时分析数据，调整工艺和生产计划，降低不良率，提升设备利用率，显著提升企业效率和节约成本。城市管理方面，Manus作为智能中枢，可整合优化交通、能源和应急响应等工作流程，提高市政管理效能，使城市运营更高效有序。在农业领域，Manus可利用多种数据源实现精准灌溉和施肥，提高水资源利用效率，促进作物产量增长，为现代农业提供可持续发展路径。

认知计算技术越来越先进，未来智能系统可能会变得更懂我们，更会判断事物的价值。像Manus这样的认知计算平台，能主动发现问题，自主想出解决办法，还能不断改进，从帮助我们的小助手，变成能和我们一起做决策的好伙伴。在科研界，类似Manus的系统会将不同学科的知识融合起来，提出创新的想法和实验方案；在艺术创作上，这些系统会从模仿别人的作品变成自主创作出全新的作品；在社会治理方面，智能系统能提供更具远见且全面的决策支持。这种趋势正带着我们快速进入一个人机合作的新时代，认知计算平台就像是人类智慧的延伸，共同应对全球性难题，创造更美好的未来。技术与人文的深度融合，会开启人类文明的新篇章，给社会进步带来持续的动力。面对这样的趋势，工业界、学术界和政策制定者需要一起努力，建立一个科学的人工智能发展框架，确保技术进步能与人类的幸福、道德价值和社会公平保持一致，让认知计算在推动人类文明进步中发挥更大的作用。

1.2　Manus与传统机器人的智能进化

我们正身处人工智能技术迅猛发展的时代，那些能够提供全流程服务的智能助手正以前所未有的方式重塑我们的工作模式。作为新一代数字伙伴的佼佼者，Manus将理解、生成和执行三大核心能力无缝融合，打造了一个覆盖任务全生命周期的智能服务生态系统，为效率革新提供了全新的解决方案。这个集成式智能平台不仅简化了复杂的工作流程，还为人类与机器的协作注入了新的活力。

1. 深度认知：超越表层意图的洞察

Manus采用了先进的多模态感知系统，能够深入挖掘用户话语背后的真实意图，并结合情感识别技术，解读用户的深层需求和潜在想法。例如，当用户说"帮我查一下这个行业的报告"时，Manus不会仅仅停留在关键词匹配上，而是会综合考虑用户过往的行为、当前的需求以及行业最新动态，智能判断出用户所需的报告类型，无论是最新发布的、需要深入分析的，还是侧重于特定方面的。

这种高层次的认知能力，使得人机交流不再局限于简单的关键词游戏，而是迈向了真正理解用户意图的新阶段。尤其是在用户指令模糊或情况复杂时，Manus会主动提出问题，帮助澄清真实需求，从而避免了智能系统常见的"理解偏差"问题，极大地提升了工作效率。

2. 创造性思维：从知识整合到方案生成

Manus凭借其智能大脑中数以千亿计的参数，能够灵活运用各领域的知识，提供全方位、多层次的解决方案。例如，需要输出一份具有创意的营销策划，它能够综合考虑市场趋势、竞争对手动态和用户偏好，快速搭建基础框架，并根据品牌特色和风格提供个性化的创意建议。

此外，Manus还具备强大的学习能力。它会关注用户反馈和方案的实施效果，动态调整推荐策略，使输出内容不断优化，如同螺旋上升。这种创新的思维方式，彻底颠覆了传统AI"记忆重复"的老路，真正实现了在机器辅助下推动知识创新。无论是撰写商业报告、进行内容创作"还是制定战略规划，使用Manus都能获得既有深度又有广度的智能支持，从而大幅提升工作效率和创新水平。

3. 自主执行：从建议到行动的关键跨越

与那些仅停留在分析和提供建议阶段的传统AI工具不同，Manus构建了一个完整的任务执行闭环，这是其最引人注目的革新点之一。一旦用户确定方案，系统就能自动分解任务，调用200多个内置功能模块，快速完成任务，实现从决策到执行的完美落地。

在数据处理和分析的场景中，该平台不仅能识别各种非结构化文档，还能自动抓取关键信息，生成清晰的图表。有了智能流程引擎的助力，那些原本需要数小时甚至数天才能完成的繁琐工作，如数据清洗、格式转换和统计分析，现在只需几分钟就能完成，既快速又准确。这种自动化能力特别适合高度程式化、高度重复性的工作，如整理财务报表、监测市场数据和分析客户反馈等，大大减轻了人力负担，让人们能够更专注于具有创意和战略意义的工作。

4. 协作进阶：人机共生的最佳实践

Manus就像一个朋友一样，可以轻松地帮助用户完成一些简单的任务，如安排日程、搜索信息和整理文档等。随着使用熟练度的提高，用户可以尝试更高级的玩法，例如让不同系统的数据联动起来，或者管理那些多任务并行的大型项目。

Manus具备一个非常酷的"控制权动态平衡"功能，它就像一个聪明的小伙伴，能够在关键时刻让用户来作决策。这种操作方式既稳定又安全，还能根据用户的喜好进行调整。这种人机合作模式并不是让机器取代人类的工作，而是让机器和人类各司其职，机器处理那些繁琐的数据和方案，而用户则专注于需要创意和判断力的工作，从而让机器和人类的优势都得到充分发挥。

在日常工作中，用户可以使用"任务模板"这个小助手，快速完成那些重复的工作流程。而且，这个系统还能学习用户的操作，不断优化流程，使工作方式越来越符合用户的习惯。这种合作方式不仅能大幅提升工作效率，还能随着用户习惯的演变不断进化，打造一个真正懂你的智能工作环境。

当然，在某些特定行业和场合，这个平台仍然存在不足。例如，在处理高精度图片和复杂视觉设计时，它可能无法像专业设计软件那样进行精细操作；而在需要闪电般快速反应的纯文字交流场合，使用那些轻巧的专业工具可能更加得心应手。

对于那些需要深思熟虑或专业判断的重要事项，我们仍然需要亲自上阵，不能完全依赖智能助手。虽然智能助手是一个超级得力的帮手，但不能指望它能完全取代人类专家。作为智能化升级的领头羊，Manus这样的全流程智能平台，其价值不仅在于提高工作效率，更在于其不断进步的服务能力。随着算法越来越强大，应用场景越来越广泛，未来的智能助手在创造知识、支持决策等高端领域必将展现出更强大的威力，最终成为我们大脑的超级延伸和增强版。

这种技术演进趋势正在重新定义人机协作的可能性边界，也将深刻改变未来的工作方式和组织形态。积极拥抱技术变革，构建人机协作的新型工作模式，将成为个人和组织在智能时代保持竞争力的关键所在。

1.3　实现工作流程的智能整合与自动化

通用人工智能技术，如Manus系统，正以突破性的进展彻底革新机器智能领域，使机器从简单的工具转变为能够辅助决策的强大伙伴。这不仅标志着技术上的飞跃，更构建了一个全新的智能生态系统，贯穿认知、决策和执行的全过程，为各行业注入创新动力。

1. 双模型架构：认知能力的协同进化

Manus系统将Claude和Qwen两大模型的卓越能力完美融合。Claude在逻辑推理和语言理解方面堪称专家，处理复杂的法律文件游刃有余；而Qwen则像是一个数据处理大师，无论是图片、文字还是传感器数据，都能高效整合。这两者的结合，在国际贸易中展现出强大的实力：系统能够同时处理32种语言的合同，并精准识别不同法律体系下的细微差别，效率得到了前所未有的提升。在制造业，Manus系统化身为超级质检员，能够同时分析机器传感器数据、工艺参数和视觉检测结果，构建起一张把控产品质量的严密网络，使缺陷预测准确率大大提升，生产损耗大幅降低，这无疑是每个工厂梦寐以求的。

2. 动态推理：从静态识别到情境感知

与依赖规则的传统人工智能不同，Manus系统采用了动态贝叶斯网络技术，这使其能够自适应环境，推理过程如同呼吸般自然。在金融风控领域，银行可整合内控、合规、操作风险，建立统一风险数据集市和GRC（Governance, Risk and Compliance，治理、风险与合规的缩写）架构，提升风险评估流程标准化，系统对接相关管理办法，实施全周期管理，有效应对金融创新风险。智能排产系统可通过技术路径构建预测性维护，降低非计划停机风险，效率提升需结合实际运营评估。辅助诊断系统可整合多模态数据，重塑疾病诊断流程，诊断准确率需临床验证。智能灌溉技术可通过闭环控制优化农业资源配置，促进资源集约化利用。

随着人工智能技术的飞速发展，新一代的智能系统就此诞生。Manus这样的认知计算平台为例，打破了旧有的技术壁垒。这些平台通过多种技术的深度融合，构建出了一个超级灵活、可自我调整的智能网络。这种变革不仅是在功能上进行了迭代，更重要的是构建了一个贯穿决策全过程的智能框架，使整个产业效率都实现了飞跃式提升。

Manus的出现把我们带入机器智能的新时代。跟那些老派的智能系统比起来，Manus就像是个全才，它把各种技术融合在一起，就像是把不同的调料混成了一道美味的酱汁。这样一来，无论环境多么复杂，Manus都能轻松应对，做出最棒的决策。它给整个产业带来的变革，就像是给汽车加了涡轮增压，让一切变得飞快。

以前的智能系统总是被那些固定的规则和死板的决策流程束缚，面对复杂多变、不确定的情况难以应对。但是Manus系统不一样，它能根据环境变化自主调整计划，把强化学习和多目标优化模型有效结合，在时间、空间、资源三个维度上都规划得井井有条。这种能预见未来的规划能力，让那些传统的被动应对模式变成了主动出击，大大提高了复杂系统的运行效率和稳定性。

展望技术发展趋势，通用人工智能正在打破专门系统的界限，逐步从"工具智能"升级为"伙伴智能"。Manus系统所展示的环境感知、自主决策和持续进化的能力，表明机器智能开始具备类似人类的认知弹性。一旦技术突破与产业需求实现同步，将引发更为震撼的创新模式，推动社会快速步入智能增强的新时代。

1.4　提示词黄金法则：三层结构化表达法

在使用Manus时，最为重要的就是向它提出需求，这样Manus才能够准确地输出我们想要的内容，而"三层结构化表达法"就是一种高效的提示工程技巧，能够让Manus生成更符合预期的内容。

➤ 第一层：目标设定

告诉Manus你想要做什么，设定清晰的任务目标。比如，让Manus写一篇文章、写总结、翻译、改写、扩展、分析等。如果我们让Manus写一篇文章，输入"给我一篇关于人工智能的文章"这样的输出效果往往不尽如人意，范围太广，Manus无法精准理解需求。而更好的描述方式是："请写一篇面向初学者的文章，介绍人工智能的基本概念和发展历程。"这样更加清晰地指明受众和内容方向。

➤ 第二层：内容框架

告诉Manus确定内容的组织方式，让它知道如何安排信息。比如，分点列举、时间线、因果关系、对比分析等。如果我们让Manus分析一下历史，输入"介绍人工智能的历史"这样的描述方式是不佳的。而输入"请按照时间顺序，分为20世纪中期、21世纪初和当代三个阶段，分别介绍人工智能的重要发展"提供了清晰的结构，让Manus知道如何组织内容。

➤ 第三层：表达风格

让Manus控制语言风格，这样它的表达会更加符合我们的需求。比如，正式、通俗、幽默、严肃、学术、故事化等。如果我们让Manus写一篇科普文章，输入"写一篇人工智能科普文"Manus可能会随意选择风格。而更好的表述方式是："请用生动的比喻和简单的语言，向10岁的小朋友解释人工智能的工作原理。"这样Manus会输出更符合我们要求的内容。

简而言之，三层结构化表达法如下所示。

第一层：目标设定——你要Manus做什么？

第二层：内容框架——你希望Manus怎么组织内容？

第三层：表达风格——你希望Manus用什么语气？

我们也可以向DeepSeek这类提问式AI询问生成一段更利于Manus理解的需求描述。例如，我们可以向DeepSeek提问"我想去成都旅行，让Manus帮我输出全面的旅行方案，请给出完整的需求描述"，接下来，DeepSeek会给出一段完整详细的需求描述，我们只需按照自己的需求修改，再提交给Manus即可。

第 2 章

智慧生活全新升级

2.1 智能财务管家

像Manus这样的数字理财师，通过算法和数据引擎的精妙组合，构建了一个全方位智能服务系统。它突破了传统理财工具的局限，从财务状况分析到资产配置优化，全程自动化，为用户带来前所未有的精准服务体验。

Manus理财师的多维数据模型能够轻松整合银行流水、消费记录、投资等12种关键财务信息。通过先进的机器学习算法，它能够为你量身打造一个高度精准的财务画像。该系统还能深入分析你的消费习惯，识别出2~3个可改进的领域，并自动生成个性化的方案，包括应急储备金规划和税务优化策略等。

这种卓越的分析能力源于系统对数百万用户财务数据的深度学习，使其能够精准识别不同人生阶段的财务模式和改进空间。对于年轻家庭，系统会首先帮助其识别高利率债务，并制定快速偿还计划；而对于退休人士，它则更注重规划稳定的现金流和保障资产安全。

Manus理财师最酷的地方在于，它能够不断学习，每月都会自动更新，就像你的私人健身教练，时刻保持你的财务计划处于最佳状态。无论是换工作还是养育子女等人生大事，它都能敏锐地察觉，并及时调整你的财务策略。例如，在教育基金方面，Manus理财师更是一个贴心小助手。它会根据你孩子的升学时间表，动态调整投资策略，随着目标日期的临近，它会帮助你降低投资风险，使你的教育理财目标达成率有所提升。这种不断进化的理财方案，就像你的私人生活顾问，确保你的理财计划与人生阶段同步，为你提供终身的财务支持。

随着科技的飞速发展，智能理财系统已不再是简单的助手，它们现在已成为决策的核心。Manus理财师的出现，就像给财富管理行业装上了"算法驱动"的新引擎，它们能够感知环境并自主决策。如今，我们拥有一个既个性化又科学的服务体系，这完全依赖于用户需求预测模型和市场波动预警系统这两大法宝。这种技术革新不仅让个人理财变得更加智能，还彻底改变了金融服务的游戏规则，为我们的财富增长开辟了全新的道路。想象一下，未来机器学习和金融工程相结合，智能理财将在风险预测、投资策略和用户体验上大放异彩，推动整个行业朝着更精准、更智能、更个性化的方向发展。对于我们普通投资者来说，找到一个算法强大的财富管理平台，就像在复杂多变的金融市场中找到了稳稳的幸福。智能财富管理正在让普通人也能享受到以往只有金融大佬才能体验到的投资乐趣。

接下来，我们就来看看Manus是如何为我们进行投资分析。

※　步骤1：接收用户需求（人工处理）

在网页中搜索Manus，即可找到Manus的官网，单击进入后进行注册账号的一系列操作。登录Manus，然后在对话框里输入我们的需求，如图2-1所示，Manus一收到我们的请求，立即响应，并列出了一张待办事项清单（见图2-2）。

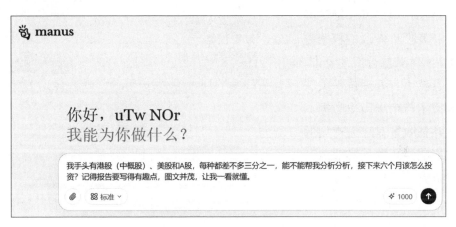

图 2-1　提交需求后单击发送按钮

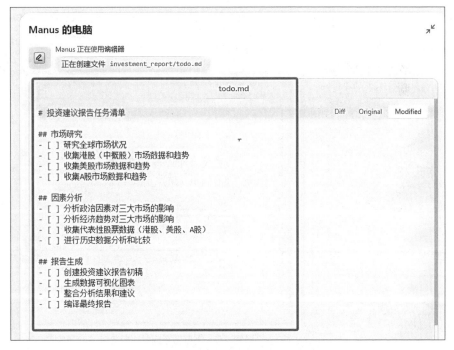

图 2-2　收集用户需求并创建任务清单

※ 步骤2：自动收集所需信息（Manus生成）

Manus 通过可视化流程整合分散的市场信息，提供系统化分析支持（见图 2-3）。通过跨市场信息检测路径，用户可一键访问港股、美股及 A 股的权威数据源，实时获取行情与公告。通过自然语言处理技术关联政策文本与市场历史数据，量化评估政策对三大市场的潜在影响并预警关键节点；通过拆解信息检索流程（见图 2-4），支持多窗口并行展示与滚动加载深度数据，简化用户操作。Manus 将复杂信息结构化，降低多市场分析门槛，减少决策偏差，助力投资者高效获取专业级市场洞察。

图 2-3　查找与港股、美股及 A 股相关的网站链接

图 2-4　浏览多个网站，收集并分析所需信息，
然后继续向下滚动页面

Manus通过综合分析揭示了经济趋势对市场的影响（见图2-5），并撰写了包含详细图表和文字的投资报告。这些动态图表和数据对比使投资者能够直观地理解市场动态，准确地掌握投资时机，从而优化资产配置。Manus还结合历史数据和当前市场情况，预测未来六个月市场的潜在波动，并给出了具体的资产配置建议。利用智能算法优化投资组合，Manus帮助投资者在风险可控的情况下实现收益最大化。报告的最后还包含了实时更新的市场动态提醒，确保投资者能够及时调整策略，应对市场变化。接下来，Manus完成了投资分析的初步工作（见图2-6）。

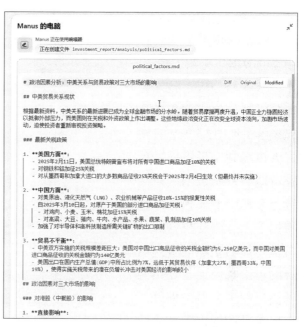

图 2-5　研究经济动向对三大市场的作用并撰写报告

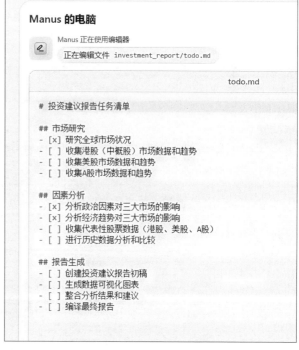

图 2-6　完成投资分析的初步工作

※ 步骤3：自动生成报告（Manus生成）

Manus收集了代表性股票的数据（见图2-7），并将基本面分析、技术指标和宏观经济模型都整合起来了（见图2-8），针对三大市场制定了不同的配置策略。系统采用的是高级的蒙特卡罗模拟方法，模拟了上万次随机情景，科学地评估了不同资产组合的风险收益比，还结合了用户的个人风险偏好，给出了具体的推荐和仓位调整建议。

图 2-7　收集代表性股票数据

图 2-8　港股、美股和 A 股投资建议报告

如图2-9所示的数据可视化图表，把复杂的分析结果变成了高度互动的可视化界面，支持用户根据自己的需求自定义筛选维度和时间范围，动态地观察数据分布和趋势变化。这种灵活的交互设计，让投资者能深入挖掘数据背后的秘密，发现那些固定报告可能漏掉的投资机会。

如图2-10所示，完成了整个流程的执行清单，系统通过自动化任务管理，确保每个分析环节都井井有条地完成。这种结构化的处理方式，不仅大大提升了信息处理的效率，还通过标准化流程有效减少了人为差错，让投资者能够基于科学模型，制定出清晰可行的资产配置方案。

图 2-9　已生成数据透视图表

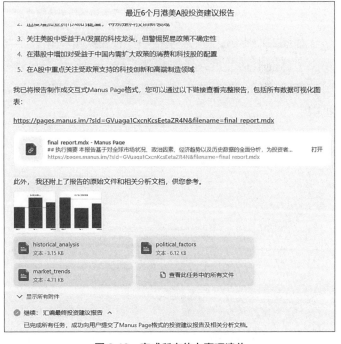

图 2-10　完成所有待办事项清单

　　Manus通过分析港股、美股和A股三大市场的历史数据，如图2-11所示，能够获得深入且全面的市场见解。这些数据分析包含多维度的信息，为投资决策提供了坚实的数据支持。

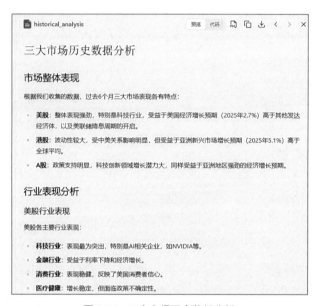

图 2-11　三大市场历史数据分析

　　如图2-12所示，系统利用尖端的数据可视化技术与精确的关键数据解析，制作出了高度概括的最终投资建议报告。这份报告将复杂的市场分析结果以直观的图表形式展现，并提炼出核心的投资要点，帮助投资者迅速掌握市场动向和投资机遇。

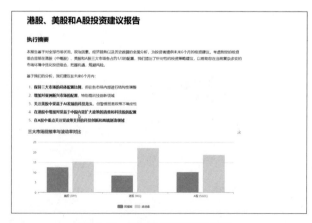

图 2-12　生成最终建议投资报告

在向Manus提出金融、投资类的任务时，我们可以套用如下模板。

- 第一层：目标设定——你要Manus做什么？

  清晰描述你的需求，确保Manus能理解你的任务。例如，"请分析我持有的港股、美股和A股，预测未来六个月的投资策略，报告需图文并茂，易懂有趣。"
- 第二层：内容框架——你希望Manus怎么组织内容？

  用结构化方式指引AI输出。例如，接收用户需求，创建待办事项清单；收集市场信息，分析经济趋势影响；整合数据，优化投资策略，并自动生成投资报告；提供可视化交互，支持个性化筛选与动态观察。
- 第三层：表达风格——你希望Manus用什么语气？

  设定表达方式。例如，专业严谨、生动有趣、数据驱动。

Manus通过人工智能技术重构了传统投资决策流程，其核心功能在于将海量市场数据转化为可操作的分析结果，帮助投资者在复杂市场环境中精准识别机会与风险。系统通过结构化需求输入、模块化分析流程和多维数据融合，构建了覆盖全周期的智能投资支持体系。在实际应用中，投资者需建立正确的工具使用认知：将系统定位为"决策支持者"而非"替代者"。通过合理设置参数、定期校准模型结果、结合自身对市场理解进行综合判断，可最大化发挥其辅助价值。特别是在市场转折期，需平衡系统提供的客观信号与独立判断，实现人机智慧的深度融合。

随着金融数字化进程加速，掌握智能投资工具的应用技巧已成为专业投资者的核心能力。通过规范使用流程、深化对系统功能的理解，投资者可在提升决策效率的同时，构建基于数据驱动的科学投资体系，在复杂市场环境中保持竞争优势。

2.2　旅行规划全能助手

Manus通过整合尖端技术，重新定义了现代旅行服务模式。系统以人工智能为核心，构建了覆盖行程规划、资源匹配、实时响应的全流程服务体系，显著提升了旅行体验的个性化与智能化水平。

Manus利用深度学习构建个性化推荐模型，分析用户行为与偏好，结合实时数据生成定制化行程。系统根据用户需求推荐适合的旅行方案，如根据自然爱好者和文化探索者的不同旅行体验需求，智能规划旅行方案，确保计划的灵活性，避免传统旅行中的问题。

在住宿匹配方面，Manus建立多维度评价体系，考虑预算、位置等参数，并通过自然语言处理技术分析用户需求。系统推荐符合用户偏好的住宿，并整合真实用户评价，确保推荐结果的客观性，长期旅行者可获得公寓式住宿方案。

交通安排方面，通过实时数据与优化算法提供最优出行方案。系统评估时间效率、经济成本与舒适度，推荐不同的交通方式组合。在旅行当地的交通规划方面，系统根据当地特征提供个性化推荐，提升交通安排效率。

娱乐活动推荐系统通过兴趣图谱与场景匹配技术，筛选符合用户需求的体验方案。系统推荐热门景点及小众文化活动，并融入当地的文化背景知识。

接下来，我们使用Manus来做一次云南旅行的详尽攻略。

※ 步骤1：输入用户需求并发送（人工处理）

为了制定一份去云南的详尽旅游攻略，我们登录Manus系统，并在对话框中明确输入我们的需求，具体如图2-13所示。

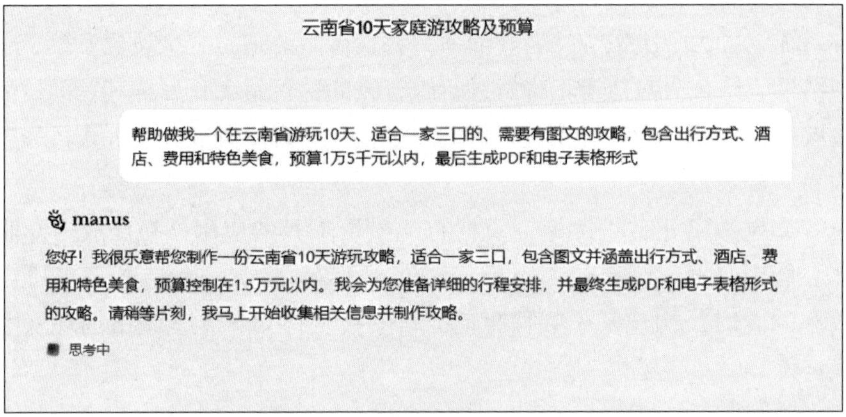

图 2-13 提出需求并单击发送

※ 步骤2：Manus收到需求后，立即反馈（Manus生成）

在接收到我们的需求后，Manus迅速响应，不仅给出了即时反馈，还自动生成了一份待办事项清单，详情如图2-14所示。随后，Manus着手收集云南省的风景位置信息（见图2-15），并依据这些信息精心制作了一份分析文件，具体内容如图2-16所示。

图 2-14　反馈收到的信息并生成待办事项清单

图 2-15　收集云南省风景的位置信息

紧接着，Manus开始深入研究云南的天气状况，包括对云南不同季节的气候特点、降水分布、温度变化等详细信息的探索。同时，它也关注了云南的旅游建议，涵盖了最佳旅游时间、推荐的旅游路线、当地特色美食、住宿选择以及文化活动等多方面的内容。Manus希望通过全面的了解，能够为计划前往云南的游客提供实用的参考信息（见图2-17）。

基于收集到的详尽数据和资料，Manus精心编制了一份全面的文件，以供参考。这份文件包含了丰富的信息，为计划前往云南旅游的游客提供实用的交通方式和旅游建议。具体内容和详细信息请参见图2-18。

在探索云南这片神奇土地的旅程中，图2-19为我们展示了Manus高效收集与整理旅行信息的强大智能，给出了云南各市的住宿选择。

图 2-16　分析云南省风景的地理位置信息，并生成 10 天的旅行计划

图 2-17　研究云南各地的交通方式和旅游建议

各地的交通方式和旅游建议，并生成文件

图 2-19 搜索云南各市的住宿选择

Manus将初步整理的美食信息进一步整合分析，生成一份全面的美食指南（见图2-20）。通过横向比较不同城市间的美食特色、同一美食在不同餐厅的价格与品质差异，以及不同季节的特色食材变化，你能快速把握云南美食的整体面貌与地域差异。

图2-20　搜索云南各市的美食和各店活动信息

Manus的纵向关联分析则揭示了美食背后的文化内涵，最终报告包括以下几个部分：

- 云南美食文化概览：介绍云南美食的整体特点与多元文化背景。
- 区域美食地图：按城市划分，详述各地代表性美食。
- 民族特色美食精选：重点介绍各少数民族的传统美食与文化内涵。
- 餐厅推荐名录：分类列出各地区值得体验的特色餐厅及其招牌菜。
- 当季促销活动汇总：按时间顺序排列近期各地餐饮促销活动。
- 美食体验路线建议：根据不同时间和偏好，设计几条美食体验路线。
- 使用图表、地图与实景照片增强直观性，区分客观描述与主观评价，确保信息的准确性和参考价值。

云南美食是文化的载体。Manus系统性的信息整理帮助旅行者把握美食文化本质，了解每道美食背后的故事、历史和文化，透过美食了解生活方式和价值观念（见图2-21）。

图 2-21　云南各市美食和各店活动信息生成分析文件

※　步骤3：自动生成分析结果（Manus生成）

如图2-22所示，Manus着手编辑并整合所有收集的信息，建立了一个超详细的结构化数据库。比如，在昆明到大理的路上，系统会告诉你早班动车是最佳选择，运行时间2小时8分钟，票价大约145元。这些精确的信息帮助你更好地规划时间，减少不必要的等待。

随后生成一份详尽的旅游攻略，其中包含很多风景图片资料（见图2-23）。

系统提交了最终的旅游攻略，并圆满完成了待办事项清单，生成的旅游攻略采用图文排版，每日行程时间和景点实景图片都明确地标记出来（见图2-24）。最终，我们只需如图2-25所示，轻松下载旅游攻略报告，特别是在香格里拉段行程中，系统设计了海拔变化曲线图，提醒用户注意海拔变化，有效降低了高原旅行的风险。

图 2-22　整理并生成云南旅行明细分析文件

图 2-23　收集云南各市风景图片并填充到旅游攻略

图 2-24　生成最终的旅行攻略

图 2-25　生成最终的去云南旅游图文攻略

　　攻略附录部分包含了应急联系方式和高原反应处理指南，医疗救助信息详细到最近三甲医院的具体行车路线和预计到达时间。这些细致的安全考量，为旅行者提供了坚实的后盾，尤其是首次前往高原地区的游客。

　　使用Manus时，我们需要注意的是要明确表达我们的需求，就像向朋友清晰地描述你想去哪里游玩一样。向Manus阐述你的旅行小目标（比如"我想要放松身心"或"我渴望体验不同的文化"）、出行时间（比如"五月份"）、目的地（例如"云南"），以及你的喜好（比如"我特别喜欢海滨的美景和当地特色小吃"）。这样，Manus就能像你的私人旅行顾问一样，为你量身定制一整套行程。

在向Manus提出旅行、生活规划类的任务时，我们可以套用如下模板。

● 第一层：目标设定——你要Manus做什么？

清晰描述你的需求，确保Manus能理解你的任务。例如，"请为我制定一份云南10日高性价比旅行攻略，涵盖住宿、交通、美食、景点和当地文化活动，并整合实时天气与安全建议。攻略需图文并茂，包含每日行程规划。适合预算有限但希望深入体验云南文化的旅行者。"

● 第二层：内容框架——你希望Manus怎么组织内容？

用结构化方式指引Manus输出。例如，每日行程规划、住宿推荐、交通安排、美食指南、文化体验、预算优化、安全与应急等。

● 第三层：表达风格——你希望Manus用什么语气？

设定表达方式。例如，使用专业但轻松的语气。

在休闲旅行场景中，Manus根据用户喜好与预算设计个性化行程，筛选最适合的目的地选项。对于商务旅行者来说，系统整合会议日程与交通安排，推荐住宿与餐饮，并提供商务礼仪指导。在文化交流旅行中，Manus提供全球各地历史文化与风土人情资料。Manus的核心优势在于全天候服务能力与智能应变能力，能即时提供替代方案应对航班延误、天气变化等突发情况。

随着AI技术的进步，Manus不断优化服务内容与功能。通过学习用户偏好与实时数据更新，提供越来越个性化的推荐与准确的信息。这种智能化、个性化的服务方式简化了传统旅行规划流程，提升了整体旅行体验质量，使每段旅程更加简单、安心与难忘。

2.3 从文字意象到音乐作品的创意转化

短视频平台成为展示创意和个性的舞台，网络流行乐曲因其独特魅力和传播力迅速流行。改编故事为歌曲，结合个人情感与大众文化，不仅带来乐趣和成就感，还有可能获得额外收入。选择与故事主题相匹配的曲子至关重要，如紧张情节配快节奏曲子，温馨故事配柔和音乐。改编时保留原曲旋律和节奏，同时加入独特乐器、创新演唱或混音技巧，以提升作品辨识度。短视频平台提供丰富的展示功能，通过挑选合适的场景、道具和拍摄手法，结合平台规则和用户偏好，优化关键词和标签，增加曝光率。利用社交媒体互动和分发工具，提高传播效果。后期制作要精心剪辑，加入滤镜、转场和文字，发布时使用热门话题标签，以吸引更多潜在粉丝。短视频平台的兴起不仅为音乐创作者提供了直接接触大量受众的机会，通过精心选曲、创意改编、专业制作和策略推广，普通用户也能创作出有影响力的作品。这种创作方式不仅满足个人表达需求，还能引起群体共鸣，是短视频音乐内容繁荣的关键。数字时代赋予每个人通过音乐改编讲述故事、创造经典的机会。

我们要进行一项跨文化的音乐创作，将中国传统名曲《茉莉花》与《小燕子》这两首广为人知的经典旋律进行艺术性重构。这一创意的核心在于引入日本著名音乐大师坂本龙一的独特音乐风格与创作理念，通过东亚音乐元素的巧妙交融，为熟悉的传统旋律注入全新的艺术活力。接下来，我们来看看具体的操作方法。

※　步骤1：登录Manus，并向它发送需求（人工处理）

首先需登录Manus，进入主界面后定位至对话输入区域。在对话框中，清晰而详细地描述创作需求，如图2-26所示。这段指令明确包含了音乐素材（《茉莉花》和《小燕子》）、目标形式（歌曲）、风格要求（融入坂本龙一元素）以及最终输出格式（PDF乐谱）。

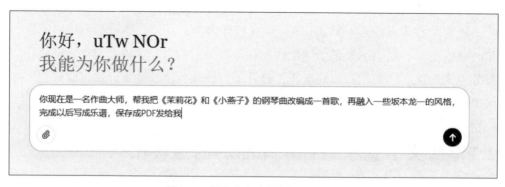

图2-26　提出个人请求并单击发送键

Manus在接到需求的那一刻，迅速作出反应，并创建了一份待办事项清单（见图2-27）。

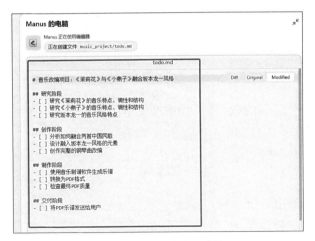

图 2-27　构建待办事项清单

※　步骤2：数据分析，并生成结果（Manus生成）

Manus对创作需求进行了系统化处理，完成了从传统曲目分析到风格融合再到成品输出的全流程操作。在整个创作过程中，平台依次进行了三个关键环节的智能处理，每个环节都有其专业性和针对性。

如图2-28所示，在这一环节中，Manus深入解构了《小燕子》的音乐结构特征，包括其欢快明朗的基本情绪、典型的五音阶构成、规整的

图 2-28　整理并分析歌曲《小燕子》的特色

四四拍节奏模式以及朗朗上口的旋律走向。同时，系统还识别出该曲目中特有的音高变化规律和情感表达特点，为后续融合创作奠定了数据基础。

随后，平台转向对日本音乐大师坂本龙一的风格研究，相关分析结果在图2-29中得到呈现。在这一阶段，Manus调用了其音乐风格数据库，提取坂本龙一作品中的显著特征，如极简主义的旋律处理手法、空灵通透的音色选择、微妙的电子音效应用以及独特的和声进行模式。系统特别注重捕捉坂本龙一音乐中那

种介于东方与西方、传统与现代之间的微妙平衡，这正是此次创作所需的核心风格元素。

经过上述两个环节的数据分析和风格研究，Manus平台最终生成了融合三种音乐元素的完整作品，如图2-30所示。在这份成果中，既可以听到保留了《茉莉花》婉转优美的旋律核心，又融入了《小燕子》活泼灵动的节奏特点，同时通过坂本龙一式的简约钢琴音色和独特的电子处理，赋予整首作品既有传统底蕴又富现代气息的艺术魅力。生成的乐谱文件采用标准五线谱记谱法，清晰标注了旋律线、和弦标记、速度及演奏技巧提示，可供演奏者直接使用。

在使用Manus进行音乐创作的时候，我们可以使用"三维定位法"来表达我们的需求。

图 2-29　研究并整理坂本龙一的音乐风格

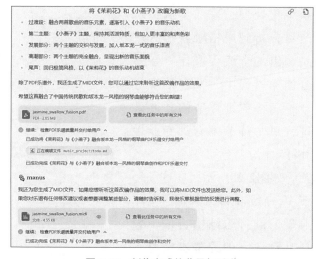

图 2-30　制作完成的曲目与乐谱

● 第一层：目标设定——你要Manus做什么？

清晰描述你的需求，确保Manus能理解你的任务。创作者必须清晰标注原始素材，例如"《茉莉花》与《小燕子》钢琴曲"。这种精确的指代避免了模糊理解，确保AI能够准确识别并提取相关音乐作品的结构特征、旋律走向和情感表达。基础素材的精准定位构成了整个创作过程的起点，直接决定了后续处理的方向性。

● 第二层：内容框架——你希望Manus怎么组织内容？

用结构化方式指引Manus输出。采用"艺术家+流派"的组合表达方式，如"结合坂本龙一的极简主义电子风格"，能够同时传达人物特征和音乐类型两层信息。这种双重定位使AI能够从海量音乐数据中提取最具代表性的风格元素，准确把握特定艺术家的创作特点和流派的普遍特征，实现更加精准的风格模拟与融合。

● 第三层：表达风格——你希望Manus用什么语气？

设定表达方式。通过具体说明最终输出格式，如"PDF乐谱"或"MP3试听文件"，创作者可以直接影响AI的处理路径和优化方向。不同的输出形式需要不同的优化重点，例如乐谱输出会更注重音符准确性和排版规范，而音频文件则更关注音色处理和混音效果。明确的交付标准能够引导AI在相应方向投入更多计算资源。作为辅助维度，附加参考信息的提供可以进一步细化创作要求。例如通过时间戳"参考'Energy Flow'中00:45至01:30的段落节奏"，创作者可以精确定位某一艺术家作品中的特定片段作为参考。这种微观层面的指导能够有效提升细节相似度，使融合创作更加精准到位。

三维定位法的核心价值在于将抽象的音乐创意转化为结构化、可量化的指令信息，大幅提升人机沟通效率。通过这种系统化的需求表达方式，普通用户也能够精准传达专业音乐概念，获得高度符合预期的创作成果。在人工智能辅助创作日益普及的今天，掌握这种精准表达技巧，将显著提升创作效率与成果质量。

借助歌曲构建情感纽带，不同的心灵通过旋律和故事产生共鸣。人工智能技术正在革新音乐创作领域，Manus能够将音乐转换成乐谱，而AI能够分析音乐风格并融合多种素材，推动数字时代艺术的创新。音乐作品通过短视频平台成为情感交流的媒介，创作者通过音乐与视觉的结合来表达内心世界，受众则以情感回应，构建起独特的社会联系。AI辅助创作降低了音乐创作的门槛，使得普通用户也能创作出高质量的音乐作品，使音乐创作更加贴近大众生活。

2.4 精准职业规划助手

Manus提供行业趋势分析、岗位竞争力评估，整合热门行业动态与发展预测，帮助用户洞察职业宏观环境。系统还提供翔实的岗位分析报告，深入研究就业趋势，分析岗位供需关系及行业机遇与挑战，确保用户获得最前沿的职业信息，助力用户在职场中脱颖而出，实现个人价值最大化。

在提交需求时需包含以下四个核心模块的详细信息。

> ● 当前画像：个人现状应详细描绘，涵盖工作经历、专业技能及行业背景。
>
> ● 核心目标：职业发展目标应明确，包括具体的时间节点、岗位方向、薪资预期等可量化的指标。
>
> ● 主要障碍：应客观分析转型过程中遇到的主要困难和能力缺口，为制定针对性建议提供基础。
>
> ● 需求清单：应明确列出期望从职业规划服务中获得的具体内容和帮助。

依照结构化信息提交框架，向Manus系统提交职业规划需求。如图2-31所示，将上述需求完整提交至Manus系统后，系统将立即启动分析流程。Manus会综合评估个人背景与市场需求，结合教育科技行业发展趋势，生成定制化的职业转型方案。分析过程通常需要一定时间，系统会对海量职业数据进行筛选与匹配，确保所提供的建议既符合个人实际情况，又具有市场可行性。

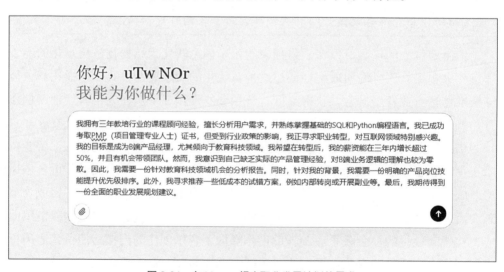

图 2-31　向 Manus 提出职业发展计划的需求

待分析完成后，Manus将提供全面的职业规划报告，包括市场分析、技能提升路径、风险规避策略与阶段性发展目标等多个维度的专业建议，为教培从业者向产品经理转型提供系统性指导。

有效使用Manus进行职业规划时，我们可以掌握以下关键词技巧，通过精准信息输入获取最佳规划方案。

- 第一层：目标设定——你要Manus做什么？

  清晰描述你的需求，确保Manus能理解你的任务。例如，"让Manus提供一份精准的职业规划方案，包括行业趋势分析、岗位竞争力评估、职业发展路径、核心技能提升建议及风险规避策略，帮助用户顺利完成职业转型或晋升规划。"

- 第二层：内容框架——你希望Manus怎么组织内容？

  用结构化方式指引输出。例如，个人背景分析、行业趋势与岗位分析、职业目标设定、能力评估与提升路径、转型或晋升策略、阶段性行动计划等。

- 第三层：表达风格——你希望Manus用什么语气？

  设定表达方式。例如，采用专业、精准、数据驱动的表达方式，结合行业洞察、实证数据和案例分析，确保内容具备可行性和实操性。同时，语言简洁明了，条理清晰，使用户能快速理解并执行规划方案。

掌握这些技巧后能大幅提升与Manus的互动效率，获取更加精准的职业规划建议。职业发展是一个长期持续的过程，需要不断学习、适应与调整。通过Manus系统的专业支持，求职者能够更加自信地应对职场挑战，实现长远的职业抱负。

第3章

学习效率提升工具箱

3.1 K12择校路径指导

Manus系统作为顾问，能帮助家庭解决择校问题。它通过分析数据，整合资源，提供升学政策解读、考试资讯和备考指南。Manus基于大数据还能为家长提供规划建议，包括职业兴趣探索和个人发展路径设计，确保提供个性化方案。Manus的优势在于将复杂的信息转化为易懂的内容，并提供实用建议。根据地区教育特点和政策变化更新数据库，保持信息的时效性和准确性。Manus不仅是信息提供者，也是决策辅助工具，帮助家长做出最适合孩子的升学选择。

接下来，我们就来使用Manus进行升学路径的规划。

※ 步骤1：进入Manus系统，提交你的请求（人工处理）

登录Manus系统后，在交互对话框中需详细描述具体需求，如图3-1所示。

你好，uTw NOr
我能为你做什么？

我想为孩子在深圳寻找一所可以插班入读的小学，希望学校氛围类似北下关小学的教育风格，对学习成绩要求不高，不过分强调应试压力，整体环境轻松、朴实。由于孩子学习成绩不够理想，如果学校对成绩有严格要求，入学难度会很大。请问在深圳地区，应该如何寻找和筛选这类教育理念相对开放的小学？关于插班入学流程，有哪些需要特别注意的环节或实用策略？

📎 🔲 标准 ⌄   ✦ 1000

图 3-1 提出需求并单击发送

提交需求后，Manus系统立即启动信息检索流程，如图3-2所示。系统会自动在互联网上搜索并整合与深圳小学教育相关的多方面资料，包括以下内容。

> 深圳各区域小学的教育理念与特色
> 各学校的教学风格与学业压力评估
> 插班入学政策与招生要求
> 非应试导向的学校筛选指标
> 历年家长反馈与教育环境评价
> 插班入学的实用策略与流程指南

系统依据家长需求如低应试压力、宽松评价、包容教育等筛选学校，同时考虑地理位置、交通、师资等因素，提供全面推荐方案。基于家长的明确需求，为家长提供个性化升学建议，解决传统择校信息碎片化、选择困难等问题，帮助家长找到适合孩子的教育环境。

图 3-2　根据需求搜索网页，寻找相关的小学信息

※　步骤2：对数据进行分析并得出结论（Manus生成）

Manus系统完成数据收集后，会生成一系列结构化的分析报告和行动指南，帮助家长系统地推进择校工作。Manus首先提供了详细的待办事项清单（见图3-3），将择校过程分解为具体可执行的步骤，并针对每个步骤设定了合理的时间节点，确保家长能够有条不紊地进行择校活动。

Manus对北下关小学教育特色进行了深度分析（见图3-4）。系统提取了该校轻松朴实的教育氛围、以学生为中心的教学理念、多元化的评价体系等核心特点，为家长清晰呈现了参考学校的详细情况，便于在后续择校过程中有针对性地寻找相似教育理念的学校。

图 3-3　创建待办事项列表

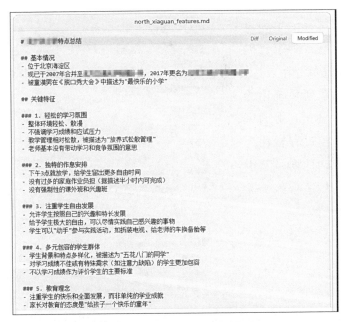

图 3-4　分析北下关小学的特色

Manus通过大数据分析对深圳地区具有轻松教育氛围的小学进行了系统筛选和比较（见图3-5）。综合分析多维度指标，并结合历年家长反馈和学生发展情况进行客观评估，为目标筛选提供科学依据。

Manus生成了完整的个性化择校报告（见图3-6）。报告包含深圳地区符合需求的学校推荐名单、每所学校的优劣势分析、适合不同学习风格学生的匹配度评估，以及针对插班入学的具体策略建议。此外，报告还提供了各校联系方式、招生负责人信息、申请材料清单和重要时间节点提醒，为家长提供全方位的择校参考。

通过这一系列系统化的分析与建议，Manus帮助家长将复杂的择校过程转化为有序可控的行动计划，基于客观数据做出最适合孩子发展需求的教育选择。

图 3-5　探究深圳轻松教育氛围小学的状况

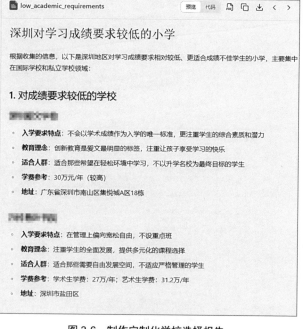

图 3-6　制作定制化学校选择报告

使用Manus进行系统教育规划需掌握几项关键技巧，通过精准信息输入获取最佳方案。

- 教育理念锚定

    通过具体参照物进行定位，例如指定"寻找具有类似北下关小学非应试教育氛围的学校"，这种明确的参照能帮助系统快速理解家长期望的教育环境特质。

- 硬性条件界定

    清晰表达限制性条件，如"学校必须接受插班生且不强调学业成绩"，这类明确的筛选标准能让系统直接排除不符合基本要求的选项。

- 隐藏需求挖掘

    主动提出补充性指令，例如"优先选择开设艺术疗愈课程的学校"，这些额外偏好能使推荐结果更贴合孩子个性化发展需求。

- 教育关键词权重排序

    明确各项考量因素的重要性百分比，如"轻松氛围60%、师生比例30%、通勤便利性10%"，这种量化排序能指导系统按家长真正关注的因素进行加权分析。

- 地域化表达策略

    针对特定城市的择校需求，应运用当地教育生态的专业术语：在深圳案例中可添加："关注南山区教育改革实验学校"；明确排除项："不考虑国际学校体系"；要求特定数据支持："需提供近三年插班成功率统计"。

- 动态追踪机制

    为确保决策基于最新信息，可建立持续更新机制，设定自动追踪指令："每月更新目标学校的插班名额变化、新任教师背景资料以及教育局最新政策对招生的影响"。

家长使用Manus系统，通过精确的需求表述，获取定制的择校方案。该系统结合多维数据、智能算法和教育专家经验，为孩子提供教育环境匹配方案，确保推荐的学校有助于孩子全面发展。Manus系统帮助家长和孩子制定个性化升学规划，基于大数据和区域政策分析，为孩子的教育之路打下基础。规划考虑当前教育选择和多年发展路径，确保孩子在各学习阶段获得适合的教育资源。

3.2　高考志愿决策评估模型

高考是人生的关键转折点，需要策略指导志愿填报。Manus系统整合教育数据，涵盖高考分数线趋势、高校专业录取分数线变化、就业率与薪资统计，以及产业发展与人才需求预测等。系统基于官方高校及专业目录，结合职业能力模型，构建了完整的"专业能力"映射体系，为考生提供精准决策支持。

Manus结合心理测评和AI算法，分析考生兴趣、性格和职业适配度，提供个性化志愿填报策略。系统评估进入目标院校的概率，提供梯度志愿推荐方案。针对目标院校和潜在专业，Manus提供深度解析和关键信息，如课程设置、培养方向和行业需求预测。基于个人能力推荐专业，并提供行业前瞻性分析，评估专业的发展潜力。整合薪资数据、行业发展报告和专家意见，生成就业前景评估报告，帮助考生做出专业选择。Manus也会分析地理位置对职业发展的影响，考虑城市产业集群、人才政策和生活成本等因素。系统指导考生做出科学且符合个人特质的专业选择，并支持动态调整职业规划，提供终身学习建议，确保教育选择与职业发展保持最优匹配。

接下来，我们就来做一次高考志愿的分析。

※　步骤1：进入Manus系统，手动提交需求（人工处理）

登录Manus系统后，在对话框中需详细输入志愿填报需求（见图3-7），确保包含关键信息点以获取精准分析。具体需求内容应当清晰写出考生基本情况、考试信息、个人特质及期望等要素。

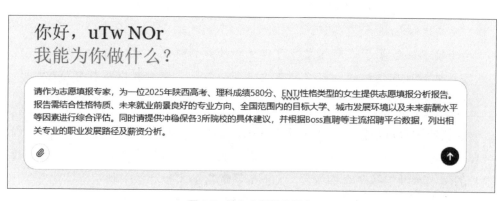

图3-7　输入志愿填报需求

当Manus接收到这类结构完整的需求描述后，系统会立即进行响应，首先确认已接收请求，接下来生成将完成的任务清单（见图3-8）。这个清单通常包括数据收集与分析步骤，如580分理科考生可报考院校范围评估、ENTJ性格特质（Extraverted，Intuitive，Thinking，Judging，指挥官型人格，是MBTI十六型人格之一）与专业匹配度分析、高潜力专业筛选、"冲稳保"院校名单生成以及职业发展路径等。

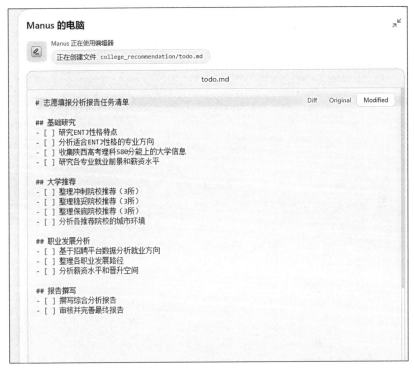

图3-8 提供待办事项清单

※ 步骤2：Manus自动匹配性格与工作类型（Manus生成）

Manus系统在接收到用户需求后，迅速启动多源数据收集与分析流程。系统首先利用搜索引擎接口，快速检索并筛选出与需求相关的最新教育数据资源。其间，系统会自动访问教育部门官方网站、高校招生信息平台，收集专业教育研究机构报告及各大招聘网站的就业数据，确保分析基于最新和权威的信息源（见图3-9）。

Manus在数据收集后进入初步分析，对陕西省近三年理科高考分数线趋势进行分析，计算580分的全省排名及可报考院校。同时，检索2025年高校招生计划变动，评估政策调整对录取的潜在影响。这些基础数据分析为个性化推荐提供客观基础，确保建议基于真实可靠的数据（见图3-10）。

图 3-9　通过网络搜索获取资料

图 3-10　性格分析与总结

随后，Manus深入分析ENTJ性格类型与专业、职业的适配性。系统包含MBTI人格分析模型和职业发展关联数据库。针对ENTJ类型考生，Manus将解析其性格特点为领导力强、战略思维、追求效率、目标导向、喜欢挑战与决策、逻辑思维强。

※　步骤3：自动分析各大学的录取数据（Manus生成）

完成性格特质与职业匹配度分析后，Manus系统进入更加精准的院校匹配阶段（见图3-11）。系统分析考生580分的高考成绩，确定其在陕西省理科考生中的百分位排名。接着，Manus利用近三年全国高校在陕西省的理科录取数据，建立分数线波动模型，预测2025年各目标院校的录取分数区间。

图 3-11　整理并分析高考成绩与录取分数线

在完成分数匹配分析的基础上，Manus将前期的性格特质分析结果与院校专业特点进行交叉比对（见图3-12），生成最终的高考志愿填报分析报告。报告利用多维度评估体系，综合考虑学术匹配度、性格适配性、发展潜力和地理偏好等因素，为考生提供个性化志愿填报建议。

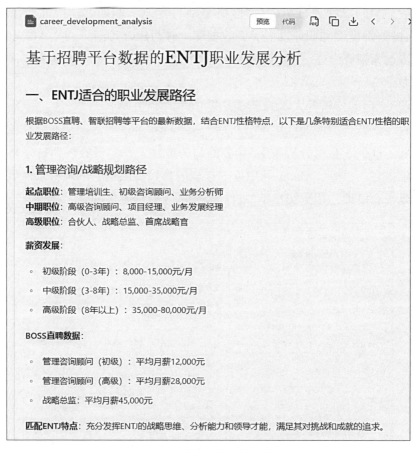

图 3-12 输出最终的分析成果

Manus为每个推荐专业提供专业描述、核心课程、能力培养和就业信息，并指出与ENTJ性格的匹配点，例如金融学专业与ENTJ的分析和决策能力高度匹配。系统还评估院校所在城市的经济、产业、人才政策和环境，帮助考生了解未来学习和生活环境。

使用Manus系统进行高考志愿填报分析时，掌握精准构建需求的技巧至关重要。有效的需求构建应遵循"六维需求模型"，确保提供全面且结构化的信息，从而获取最精准的分析结果。

Manus利用六维需求模型和动态优化，使志愿填报过程结构化、可视化。系统整合数据，生成个性化指南，平衡学术与职业的长期价值、录取风险与个人偏好，提供决策支持，帮助考生做出科学合理的人生选择。整合多因素的方法，提升志愿填报的科学性和精确度，为考生未来的学术发展与职业成长指明方向。

● 基础信息维度需明确具体的考试背景数据

这包括考生所在省份、选考科类及高考分数等关键参数。例如"陕西省理科580分"这样的表述能够帮助系统精确定位考生在全省的排名位置及可选院校范围。若能补充提供单科成绩分布，系统将能进一步细化适配专业的推荐精度，更好地匹配考生的学科优势。

● 性格特征维度对个性化推荐至关重要

提供MBTI等成熟人格测评类型（如ENTJ、ISFP等）有助于系统精准匹配适合的专业方向。此外，描述具体的兴趣爱好、特长领域及价值观偏好等信息也能显著提升推荐质量。若考生有特定能力的培养需求，如"期望培养领导力""注重创新思维发展"等，亦应在此维度明确表达。

● 时空考量维度关注地理范围及未来发展环境

明确可考虑的地理范围（全国、特定区域或城市）有助于系统筛选合适院校。同时，对城市环境的偏好（如经济发展水平、文化氛围、气候条件等）也应纳入考量。系统会基于这些偏好，评估各目标城市的发展潜力、产业集群特点及人才政策优势，为考生提供更全面的决策参考。

● 薪酬期望维度着眼于长期职业发展

通过与Boss直聘、智联招聘等主流招聘平台数据对接，系统能够提供各专业毕业生在不同城市、不同职业阶段的薪资水平分析。明确表达薪资期望区间（如"期望起薪不低于8000元"）或职业发展阶段目标（如"希望5年内达到中层管理职位"）有助于系统推荐更符合长期发展预期的专业方向。

● 风险管理维度确保志愿填报策略的科学性与安全性

明确表达对风险偏好的态度，系统将据此设计冲刺、稳健、保底的院校梯度策略。对于风险规避型考生，系统会增加稳健与保底院校的权重；对于风险接受型考生，则会提供更具挑战性的冲刺选项。合理的风险管理策略确保考生在实现高目标院校梦想的同时，不至于落榜。

● 扩展规划维度关注长期职业发展路径

在需求中表达对未来职业规划的期望（如期望从事的行业、职位或工作性质等），系统将根据这些信息绘制可视化的职业发展路径图，包括入职门槛、晋升通道、能力提升要求及时间节点预估等关键信息，帮助考生建立清晰的长期职业发展预期。

3.3　论文写作助手

Manus通过自然语言处理和机器学习，将研究元素结构化，提供全流程支持，提高研究效率和质量。整合多个深度学习模型（如Claude和Qwen），形成模型协作网络，精准理解学术语境，处理专业术语和复杂概念，确保内容的学术严谨性。Manus能自动分析文献、统计数据，构建逻辑框架，并生成包含文字、图表、公式和规范引用的学术报告初稿。系统内置多层次校验机制，自动检测逻辑一致性、数据准确性和文献引用规范性，降低错误率。内测显示，Manus在内容生成和概念结构化方面表现突出。

接下来，我们看看Manus如何助力论文写作。

※　步骤1：进入Manus系统提交需求（人工处理）

登录Manus后，用户将看到一个简洁的对话框，这是与智能系统交流的入口。在此输入专业问题，系统会调用相应的知识库和分析模型（见图3-13）。

例如，输入关于人类时代演进的问题，Manus将启动多维度分析，识别关键研究对象和维度，然后从多学科知识库中提取信息，并进行交叉验证。

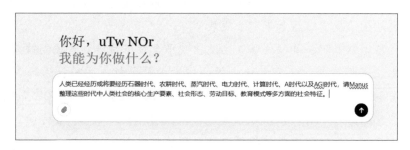

图 3-13　提出需求并单击发送

※　步骤2：Manus自动进行思考和工作（Manus生成）

当提交有关人类历史发展阶段的复杂问题后，Manus系统立即进入响应状态。屏幕上首先显示一条简短的确认消息："已接收你的研究请求，正在启动多维度历史分析流程。"这一即时反馈让用户确认系统已正确接收问题并开始处理，体现了良好的用户交互设计。

紧接着，系统在界面中央生成一个结构化的研究任务清单（见图3-14），这一任务清单不仅让用户了解Manus的工作流程，也体现了系统处理复杂学术问题的系统性方法。每个任务项旁边还有进度指示器，显示当前正在执行的步骤，提供透明的处理过程。

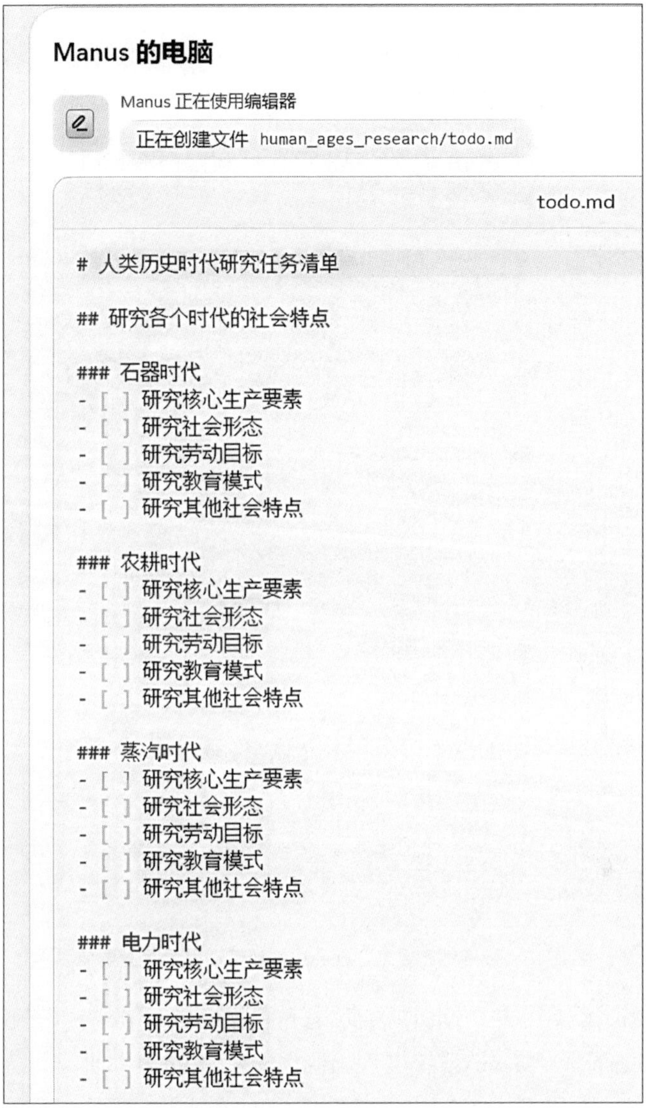

Manus 的电脑

Manus 正在使用编辑器

正在创建文件 human_ages_research/todo.md

todo.md

人类历史时代研究任务清单

研究各个时代的社会特点

石器时代
- [ ] 研究核心生产要素
- [ ] 研究社会形态
- [ ] 研究劳动目标
- [ ] 研究教育模式
- [ ] 研究其他社会特点

农耕时代
- [ ] 研究核心生产要素
- [ ] 研究社会形态
- [ ] 研究劳动目标
- [ ] 研究教育模式
- [ ] 研究其他社会特点

蒸汽时代
- [ ] 研究核心生产要素
- [ ] 研究社会形态
- [ ] 研究劳动目标
- [ ] 研究教育模式
- [ ] 研究其他社会特点

电力时代
- [ ] 研究核心生产要素
- [ ] 研究社会形态
- [ ] 研究劳动目标
- [ ] 研究教育模式
- [ ] 研究其他社会特点

图3-14 结构化研究任务清单

随后，系统进入资料收集与分析阶段。屏幕右侧出现一个动态信息面板（见图3-15）。Manus实时检索和分析学术资源，重点放在石器时代研究上。系统访问考古学、人类学、史前文明史等数据库，用户可查看处理的信息源类型，如学术期刊、专著、考古报告和数字博物馆资源。

面板右下角还显示了系统正在构建的初步时间轴模型，将石器时代置于人类发展的宏观历史框架中，并标注了关键转型期的时间节点与驱动因素。

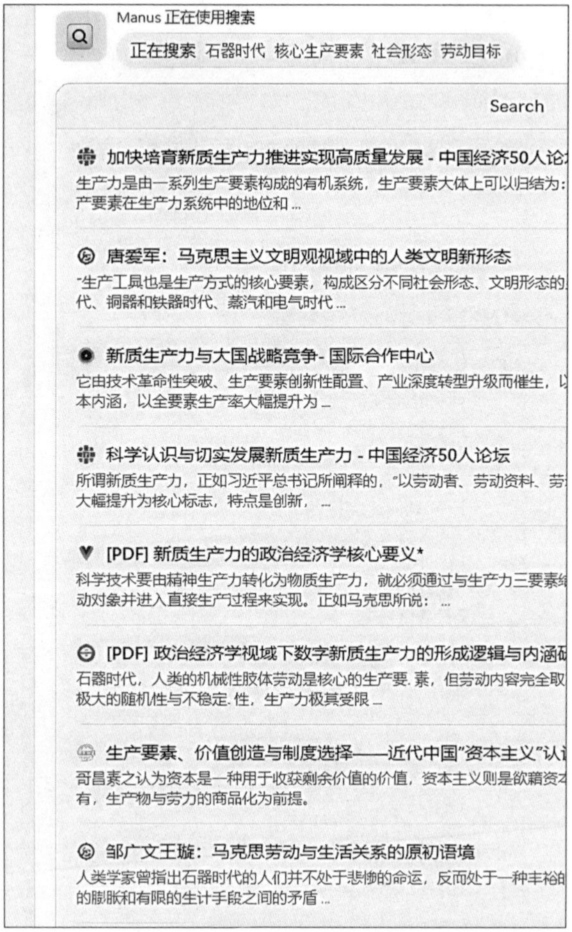

图 3-15 提取生产要素、社会结构和劳动目标等主要信息

※ 步骤3：模拟人类行为，Manus收集并存储数据（Manus生成）

在资料检索阶段，Manus系统展现出高度智能化的学术研究行为。系统采用模拟人类阅读方式，在屏幕上呈现出文献浏览界面（见图3-16），文档内容随着智能阅读进度自动滚动，突出显示关键信息段落。这种可视化的处理过程让用户能够直观地理解系统如何筛选和提取学术信息，增强了研究过程的透明度和可信度。

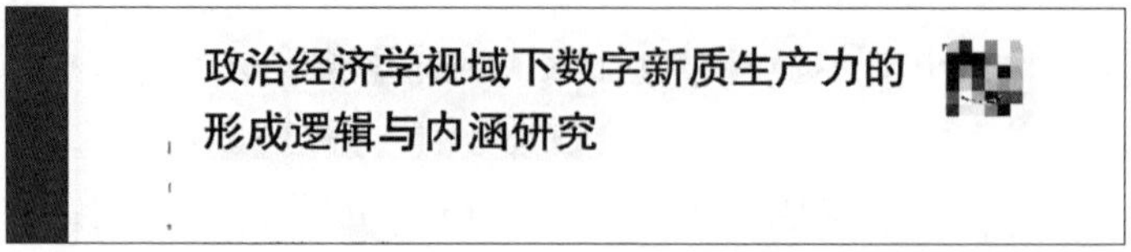

政治经济学视域下数字新质生产力的
形成逻辑与内涵研究

图 3-16　Manus 浏览文献，屏幕内容自动向下滚动

信息提取完成后，系统自动将结构化数据存入专门创建的Markdown文件（见图3-17）。这一过程体现了Manus如何将零散的历史资料转化为有组织的研究数据。在Markdown文件中，石器时代的各项社会特征被清晰分类，每一类别下设置了详细的标签结构。系统还自动生成引用链接，确保每条信息都可追溯到原始来源，满足学术规范要求。

完成石器时代的信息整理后，Manus无缝转向农耕时代研究（见图3-18）。屏幕上显示系统自动调整了检索关键词，从"石器时代社会组织"切换为"农耕文明形成""早期农业社会结构"等更符合新研究阶段的术语。搜索范围也从考古学领域扩展至农业史、早期文明研究等相关学科，体现了系统对不同历史时期研究方法的智能适应能力（见图3-19）。

图 3-17 制作 Markdown 文件，收集并解读网页中的数据信息

图 3-18 完成对石器时代的信息分析后，紧接着开始搜索农耕时代的信息

※ 步骤4：自动生成报告（Manus生成）

完成农耕时代资料收集后，Manus进入数据分析阶段，界面切换为初步报告生成视图。系统自动组织收集到的原始资料，构建出清晰的分析框架。这份初步报告以时间轴形式呈现农耕时代的演进过程，将该时代划分为早期农业萌芽、成熟农耕

图 3-19　生成农耕时期搜索的分析报告

文明和农业技术革新三个关键阶段，并针对每个阶段提炼出核心特征。报告右侧显示分析进度和可信度评估指标，使用户能够实时了解研究质量。

　　随后，Manus深入分析网页资料中的关键信息点（见图3-20），屏幕上呈现系统如何从网页资料中提取结构化数据的过程。界面左侧显示原始资料页面，右侧实时生成信息提取结果。系统利用自然语言处理技术，智能识别描述农耕时代生产要素、社会形态、劳动目标和教育模式的关键段落，并对这些信息进行分类整理。值得注意的是，Manus不仅能提取明确陈述的事实，还能从隐含描述中推导出农耕时代的特征，展现出其深度语义理解能力。

图 3-20　对网页上的信息进行整理分析

基于提取的结构化信息，系统生成了农耕时代的详细分析文档（见图3-21）。文档以学术报告形式呈现，概述农耕时代的时间和地理范围，详细分析四个维度：生产要素强调土地和农具的重要性，以及水利系统对农业的革命性影响；社会形态描述了部落向国家的转变，财产私有观念的出现；劳动目标分析了从生存需求到产品积累的转变；教育模式分析经验传授与文字记录的结合。每个分析点均附有来源和可信度评级，保证学术严谨性。

完成农耕时代分析后，Manus按照预设研究路径，依次对蒸汽时代、电力时代等历史阶段进行系统考察（见图3-22）。界面上的研究进度时间轴显示已完成和正在进行中的研究阶段。蒸汽时代分析关注机械动力替代人力的变革及其对生产关系的影响；电力时代研究着重标准化生产与大规模消费社会的形成。对于计算时代和未来的AI时代、AGI时代，Manus结合趋势外推和预测模型，基于技术发展和社会变革进行前瞻性分析。

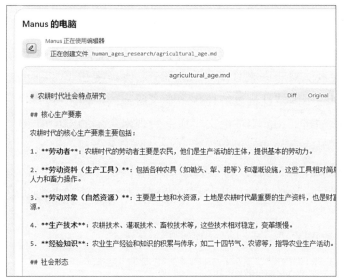

图 3-21　制作一份关于农耕时代的分析文档

图3-22　依次展开对蒸汽时代、
电力时代等的研究分析

所有时代研究完成后，系统整合各阶段分析结果，生成最终的综合报告（见图3-23）。报告详细描述了各时代特征，并提供了比较分析和演变规律总结。它采用多层级结构：概述时代，分析四个维度，比较时代间关系。报告还包含多种可视化元素，如生产要素演变图谱、社会结构转型模型等，使历史演变更易理解。

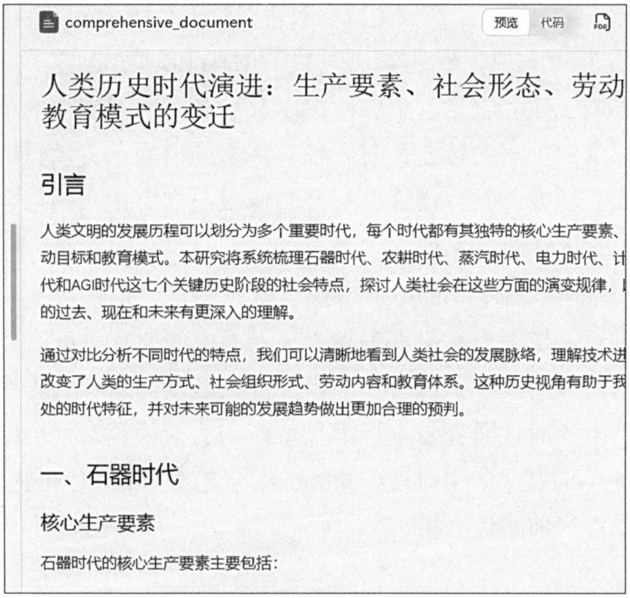
comprehensive_document 预览 代码

人类历史时代演进：生产要素、社会形态、劳动
教育模式的变迁

引言

人类文明的发展历程可以划分为多个重要时代，每个时代都有其独特的核心生产要素、
动目标和教育模式。本研究将系统梳理石器时代、农耕时代、蒸汽时代、电力时代、计
代和AGI时代这七个关键历史阶段的社会特点，探讨人类社会在这些方面的演变规律，
的过去、现在和未来有更深入的理解。

通过对比分析不同时代的特点，我们可以清晰地看到人类社会的发展脉络，理解技术进
改变了人类的生产方式、社会组织形式、劳动内容和教育体系。这种历史视角有助于我
处的时代特征，并对未来可能的发展趋势做出更加合理的预判。

一、石器时代

核心生产要素

石器时代的核心生产要素主要包括：

图 3-23　审阅分析研究完成的文档

最终报告还特别分析了各时代转型的关键驱动力和社会影响，揭示了技术革新与社会变革之间的辩证关系。对于未来时代的预测部分，系统提供了多种可能性分析，并明确标注了预测的不确定性程度，体现了学术研究的严谨态度。

随着人工智能技术持续演进，Manus在论文写作上展现出广阔的应用前景。该系统正逐渐成为研究者不可或缺的智能助手，协助学者挖掘各学科领域的深层意义，为人类知识体系建设提供强有力的技术支持。Manus的核心价值在于能够快速处理和分析海量文献资料，提炼出结构化的研究数据，从而释放学者的创造性思维空间。

使用Manus系统时，掌握以下关键技巧可显著提升研究效率：

> 第一层：目标设定——你要Manus做什么？
>
> 清晰描述你的需求，确保Manus能理解你的任务。例如，“我希望Manus作为学术研究的智能助手，帮助我进行从文献挖掘到框架构建，再到查重降噪的完整研究流程。具体而言，我需要Manus能够自动分析学术文献、提取关键信息、构建逻辑框架，并最终生成符合学术规范的报告初稿。同时，Manus需要提供可追溯的文献引用，确保研究的严谨性，并具备多层次的校验机制以提升内容质量。”

第二层：内容框架——你希望Manus怎么组织内容？

用结构化方式指引输出。例如对研究需求解析：识别用户输入的问题类型、架构建设与信息提取、学术报告生成、研究结果优化等。

第三层：表达风格——你希望Manus用什么语气？

设定表达方式。例如，学术化、严谨且清晰的表达风格，确保报告的专业性，同时兼具用户友好性，以便学者能直观理解分析过程。

通过精准提问、动态调整和多源验证三大核心技巧的运用，研究者能够充分发挥Manus的技术潜力，实现人机协作的研究模式创新，显著提升论文写作的效率和质量，为知识探索开辟新的可能性。

3.4　核心笔记快速整理

在学习过程中，笔记整理是一项关键能力，而Manus系统能够显著提升这一环节的效率和质量。Manus融合了智能识别与分类功能，能够将零散的学习内容转化为结构清晰的知识架构，从而促进理解与记忆。通过Manus的辅助，学习者可以轻松实现笔记的分类整理，便于日后检索和复习。该系统支持多种格式的导入和导出功能，确保笔记能与各类学习工具实现无缝集成，全面提高学习效率。Manus作为一款智能笔记辅助工具，正在成为学习中的重要伙伴，协助使用者在庞大的知识体系中快速定位关键信息。

为确保Manus能够精准输出核心笔记，向系统提供准确信息和明确需求至关重要。一个完整的需求描述应包含四个关键要素。

● 学科背景信息必须明确且具体。例如，"八年级物理（人教版），目前正学习压强和浮力单元；已掌握基础公式，但实验题得分率低于60%。"此类描述清晰地传达了学习阶段、教材版本、学习进度和当前掌握情况，使系统能够准确地定位知识层级和难点。

● 核心学习目标应该具体且可衡量。例如，"构建从压强计算到浮力公式再到实验设计的逻辑链路；整理5类常考实验题解题模板（例如液体压强探究题4步法）。"这种表述不仅明确了学习目标，还指出了期望达成的具体成果，为系统提供了明确的输出方向。

● 现存问题的描述有助于精准地定位学习障碍。例如，"混淆固体和液体压强公式的适用场景；实验题语言描述不专业导致扣分；笔记中例题与知识点未对应。"通过明确指出学习过程中的具体困难，系统能够针对性地提供解决方案，填补知识空白。

● 详细的需求清单确保系统输出符合预期。例如，"核心笔记需包含：压强公式对比表（标注单位换算陷阱）、实验题专业术语库（例如多次测量取平均值的3种表述）、错题本直通入口（单击知识点跳转对应错题）；附加工具包括：实验器材图鉴（带放大标注点的3D模型）、睡前5分钟考点语音包。"这种具体的清单式需求使系统能够按照预期标准交付成果。

基于上述四要素框架，一个完整的需求输入示例如图3-24所示。

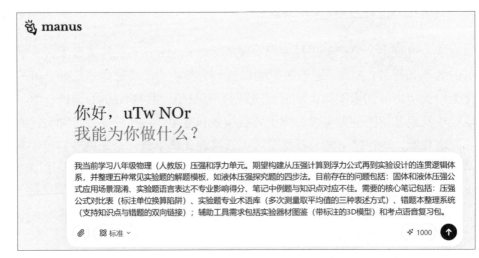

图 3-24　向 Manus 提出整理核心笔记的需求

将这类结构化的需求提交给Manus后，系统会根据提供的信息进行深度分析和整理，生成符合需求的个性化学习资料。Manus的响应过程并非简单地信息复制，而是对学科知识进行重组和优化，形成逻辑清晰、重点突出的笔记体系。

Manus作为智能学习辅助工具，其效能发挥很大程度上取决于需求提交的质量和精准度。掌握结构化的需求提交框架，能够显著提升Manus生成笔记的匹配度和实用性。这一框架主要包含六大关键词类别，每类关键词都有特定的功能和表达方式。使用Manus制作学习笔记时需要注意以下关键技巧。

● 核心信息关键词主要用于精确定位学习领域和知识边界

　　通过学科标签（如"五年级上册数学"）明确学习阶段；通过知识范畴（如数学中的"几何证明、函数图像、分数运算"）细化学习内容；通过适用场景（如"中考电学实验题专项"）确定学习目的。这些关键信息为Manus提供了基础背景，使系统能够在合适的知识层级上展开工作。

● 目标关键词则聚焦于笔记的核心功能定位

　　知识体系化的需求（如"建立公式推导链路图"）侧重于构建知识间的逻辑关联；考点聚焦（如"近5年中考数学压轴题高频考点归类"）强调应试方向的精准把握；记忆强化（如"物理实验步骤口诀化"）则注重知识记忆的高效方法。明确的目标关键词使Manus能够针对性地设计笔记结构和内容组织方式。

● 痛点关键词描述当前学习中存在的具体困难和障碍

　　结构缺陷（如"知识点分散无关联"）指出了现有笔记的组织问题；效率问题（如"复习时找不到核心公式推导过程"）点明了使用障碍；应试短板（如"缺乏典型错题对应知识点索引"）则强调了考试导向的不足。这些痛点描述为Manus提供了问题解决的明确方向。

● 格式偏好关键词定制了笔记的外观和呈现方式

　　视觉体系（如"思维导图、表格对比、流程图解"）决定了信息组织的视觉形态；信息密度（如"极简纲要式"或"详解批注式"）影响了内容的详略程度；载体需求（如"A4打印优化版"或"手机竖屏阅读版"）则考虑了使用场景的适配性。这些偏好设置使Manus能够生成符合个人习惯的笔记形式。

● 功能需求关键词强化了笔记的工具属性

　　知识点关联（如"标注与前置知识的依赖关系"）增强了知识网络的构建；记忆工具包（如"闪卡系统"和"语音速记包"）拓展了记忆辅助功能；难度分级（如"基础、进阶、拓展"三级分类）则实现了学习的梯度提升。这些功能性需求使笔记超越了简单记录，成为综合性的学习工具。

● 进阶技巧关键词则提供了更为精细的定制选项

　　动态更新（如"2024年中考真题增补模块"）保证了知识的时效性；多端适配（如"教室投影版需字号放大+关键词高亮"）考虑了不同使用环境的特殊需求；互动设计（如"每章节嵌入二维码扫码答题"）则增加了笔记的互动性和参与感。这些进阶设置使笔记更具个性化和实用性。

需要强调的是，向Manus提交需求时，关键词使用得越具体、越详细，生成的学习资料就越贴合个人需求，辅助效果也就越显著。在实际应用中，可以根据不同学科和学习阶段的特点，灵活调整需求描述的内容和格式，但核心框架应保持一致，确保系统能够准确把握需求实质。

这种结构化的需求提交方法实际上也代表了一种系统化的学习思维方式。通过结构化梳理学习内容、明确学习目标、识别学习障碍和设计学习工具，学习者能够获得更清晰的学习规划，实现更有针对性的学习过程。Manus的价值在于将这种思维方式转化为具体的学习工具，协助实现知识的系统化整理和高效吸收。

掌握这套结构化的需求提交框架，不仅能够充分发挥Manus的辅助功能，更能培养系统化的学习思维和知识管理能力，从而提升整体学习效率和学习质量。

3.5　学术研究全能手

Manus能够高效地生成详尽的心理学研究报告。它不仅能够整理和分析大量的心理学数据，还能提供深入的见解和结论。通过运用先进的算法和人工智能技术，Manus能够快速识别研究中的关键趋势和模式，从而帮助研究人员节省宝贵的时间。此外，Manus还能够生成格式规范、内容翔实的研究报告，确保报告的准确性和可靠性。无论是学术论文，还是实验报告，Manus都能提供高质量的文本输出，极大地提高了心理学研究的效率和质量。我们可以通过以下方式来辅助心理学学术研究。

※　步骤1：进入Manus系统提交需求（人工处理）

登录Manus提交我们的需求，如图3-25所示。这类专业问题通常涉及多学科交叉领域，需要大量文献阅读与分析，传统方法耗时费力。

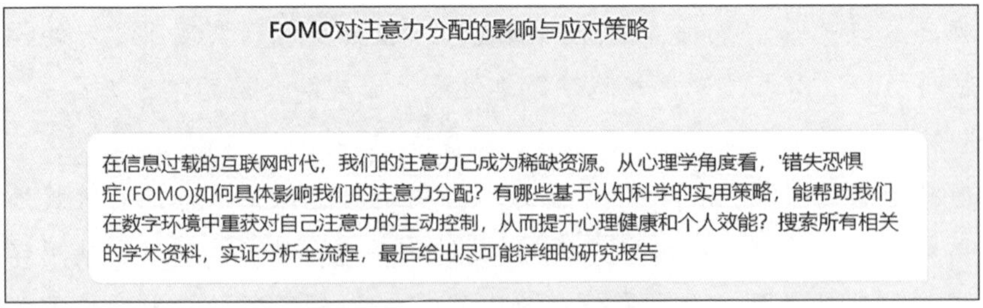

FOMO对注意力分配的影响与应对策略

在信息过载的互联网时代，我们的注意力已成为稀缺资源。从心理学角度看，'错失恐惧症'(FOMO)如何具体影响我们的注意力分配？有哪些基于认知科学的实用策略，能帮助我们在数字环境中重获对自己注意力的主动控制，从而提升心理健康和个人效能？搜索所有相关的学术资料，实证分析全流程，最后给出尽可能详细的研究报告

图 3-25　提出需求并单击发送

Manus接收到需求后，会立即调用其学术数据库接口，检索与"错失恐惧症

（Fear of Missing Out，简称FOMO）""注意力分配""认知控制"等关键概念相关的最新研究文献。同时，系统启动智能分析引擎，对检索到的学术资料进行深度语义理解、交叉验证与观点提取，确保研究结论的科学性与时效性。

处理完成后，Manus不仅提供完整的研究报告，还会如图3-26所示，自动生成实用的行动建议与任务清单。这些建议基于研究发现转化为可实践的认知调节策略，帮助用户应对数字环境中的注意力挑战。任务清单按照优先级与难度进行排序，便于用户循序渐进地实施这些策略，逐步改善注意力控制能力。

图 3-26　生成事项待办清单

※　步骤2：Manus思考需求开始工作（Manus生成）

Manus为学术研究提供了全方位智能辅助，特别在网络信息检索与分析整理方面具备强大功能。如图3-27所示，Manus能够执行精准的网页搜索操作，专门针对"错失恐惧症与注意力分配"相关学术研究进行深度检索。系统会自动访问Google Scholar、PubMed、ResearchGate等学术数据库，同时还能识别并筛选高引用率、高可信度的研究文献，确保搜索结果的学术价值与可靠性。

搜索完成后，Manus进入信息处理阶段，如图3-28所示，平台会自动对检索到的网页内容进行深度解析与结构化整理。这一过程中，系统能够识别不同研究之间的关联性、矛盾点与共识，并提取关键研究结论。特别针对"短视频成瘾与错失恐惧症之间的关系"这一专题，Manus会综合分析多篇研究论文中的实验数据、理论模型与研究方法，形成系统化的研究笔记文件。

Manus展示了其强大的学术资料处理与知识管理能力，通过一系列智能操作为研究工作提供全方位支持。如图3-29所示，系统能够精确聚焦于职场领域的错失焦虑现象，自动从大量文献中提取相关信息并进行专业分析，生成结构完整的职场错失焦虑研究笔记。这份笔记涵盖了当代职场环境中社交

图 3-27　Manus 进行网页搜索：错失恐惧症与注意力分配相关学术研究

图 3-28　生成短视频成瘾与错失恐惧症之间的关系研究笔记文件

媒体使用与工作绩效、心理健康之间的复杂关系，特别关注了远程工作环境下错失恐惧症现象的新特点与应对策略。

平台的多任务处理能力在图3-30中得到进一步展示，同时对认知科学领域中关于注意力控制的策略进行系统整理。在这一过程中，Manus能够识别并提取不同认知干预方法的实验效果、适用条件与理论基础，形成以实证研究为基础的策略库。生成的研究笔记文件包含了从基础注意力训练到先进的数字环境注意力管理技术的全谱分析，为用户提供了科学有效的注意力提升方案。

如图3-31所示，Manus能够将专业分析成果转化为标准化的Markdown文件，命名为"错失恐惧症对心理健康影响的研究笔记"。这种格式转换功能确保了研究成果的可读性与兼容性，便于在不同平台间共享与使用。Markdown格式支持层级标

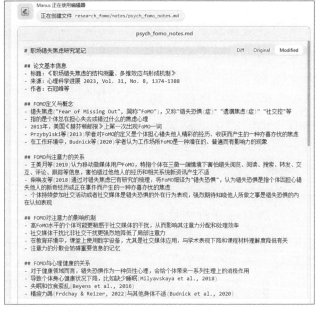

图 3-29 整理并分析文献中的信息，生成职场错失焦虑研究笔记

图 3-30 整理并分析文献中的信息，并生成认知科学中关于注意力控制的策略研究笔记文件

题、引用标注与代码块，非常适合呈现复杂的学术内容，同时保持文档结构的清晰性。

在整合多维度研究发现的基础上，Manus开始进行更高层次的综合分析工作，如图3-32所示。系统自动启动错失恐惧症与注意力研究的综合分析文件编辑，这一过程将前期的分散研究发现整合为统一的理论框架。综合分析文件通常包含主题间的关系图谱、关键概念定义、跨学科研究比较与实践应用建议等部分，为用户提供对研究领域的全景式理解。

图 3-31　生成 Markdown 文件，文件名为错失恐惧症对心理健康影响的研究笔记

图 3-32　开始编辑错失恐惧症与注意力研究综合分析的文件

※ 步骤3：完成工作并查看结果（Manus生成）

Manus在完成前期文献收集与分析工作后，进入了学术报告的系统化编辑与生成阶段，展现了其强大的知识整合与学术写作能力。如图3-33所示，系统开始进行深度研究与分析，自动启动"错失恐惧症（FOMO）对注意力分配的影响及基于认知科学的应对策略研究报告"的编辑工作。在这一阶段中，Manus将前期整理的职场错失焦虑、数字媒体使用行为、注意力控制策略等子主题的研究发现进行系统化整合，按照学术报告的标准结构组织内容。

图 3-33 错失恐惧症对注意力分配影响的应对策略研究报告

如图3-34所示，经过系统化处理后，Manus成功生成了完整的研究报告。这份最终报告不仅整合了大量学术文献中的关键发现，还运用了清晰的图表与模型来呈现复杂的理论关系与数据趋势。报告特别强调了错失恐惧症如何通过激活社交比较、诱发多任务处理倾向等心理机制影响注意力分配，以及如何通过注意力训练、环境重构与认知重评等策略提升注意力控制能力。最终生成的报告采用标准学术格式，包含完整的参考文献、附录与研究方法说明，符合学术出版物的规范要求。

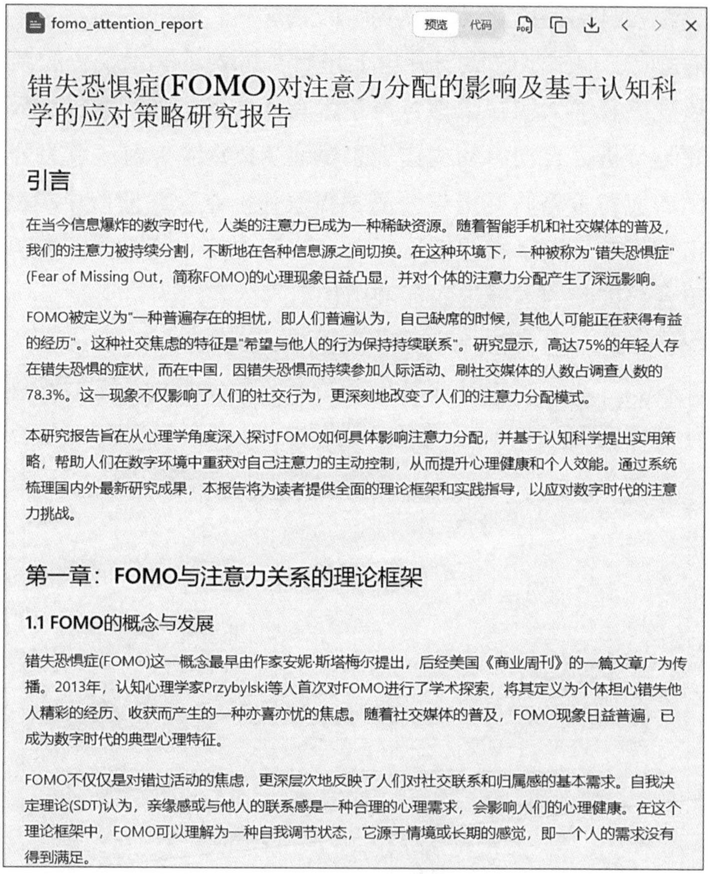
fomo_attention_report 预览 代码

错失恐惧症(FOMO)对注意力分配的影响及基于认知科学的应对策略研究报告

引言

在当今信息爆炸的数字时代，人类的注意力已成为一种稀缺资源。随着智能手机和社交媒体的普及，我们的注意力被持续分割，不断地在各种信息源之间切换。在这种环境下，一种被称为"错失恐惧症"(Fear of Missing Out，简称FOMO)的心理现象日益凸显，并对个体的注意力分配产生了深远影响。

FOMO被定义为"一种普遍存在的担忧，即人们普遍认为，自己缺席的时候，其他人可能正在获得有益的经历"。这种社交焦虑的特征是"希望与他人的行为保持持续联系"。研究显示，高达75%的年轻人存在错失恐惧的症状，而在中国，因错失恐惧而持续参加人际活动、刷社交媒体的人数占调查人数的78.3%。这一现象不仅影响了人们的社交行为，更深刻地改变了人们的注意力分配模式。

本研究报告旨在从心理学角度深入探讨FOMO如何具体影响注意力分配，并基于认知科学提出实用策略，帮助人们在数字环境中重获对自己注意力的主动控制，从而提升心理健康和个人效能。通过系统梳理国内外最新研究成果，本报告将为读者提供全面的理论框架和实践指导，以应对数字时代的注意力挑战。

第一章：FOMO与注意力关系的理论框架

1.1 FOMO的概念与发展

错失恐惧症(FOMO)这一概念最早由作家安妮·斯塔梅尔提出，后经美国《商业周刊》的一篇文章广为传播。2013年，认知心理学家Przybylski等人首次对FOMO进行了学术探索，将其定义为个体担心错失他人精彩的经历、收获而产生的一种亦喜亦忧的焦虑。随着社交媒体的普及，FOMO现象日益普遍，已成为数字时代的典型心理特征。

FOMO不仅仅是对错过活动的焦虑，更深层次地反映了人们对社交联系和归属感的基本需求。自我决定理论(SDT)认为，亲缘感或与他人的联系感是一种合理的心理需求，会影响人们的心理健康。在这个理论框架中，FOMO可以理解为一种自我调节状态，它源于情境或长期的感觉，即一个人的需求没有得到满足。

图 3-34 生成最终研究报告

有效使用Manus进行学术研究时，我们可以掌握以下关键词技巧。

- 第一层：目标设定——你要Manus做什么？

  清晰描述你的需求，确保Manus能理解你的任务。例如，“我需要Manus生成一份完整的心理学研究报告，主题是错失恐惧症（FOMO）如何影响注意力分配，并基于认知科学提供应对策略”。

- 第二层：内容框架——你希望Manus怎么组织内容？

  用结构化方式指引输出。例如，文献检索与综述、数据分析与整合、实证分析与策略制定、研究报告生成。

- 第三层：表达风格——你希望Manus用什么语气？

  设定表达方式。例如，专业严谨、数据驱动、可读性强。

Manus系统提供一站式学术研究解决方案，包括需求提交、文献检索与分析、成果报告生成。用户通过简洁界面提交研究需求，系统自动执行文献检索与分析，生成专题研究笔记，并整合发现的内容形成高质量学术报告。用户只需在对话框中表述研究问题并发送，Manus即启动全自动研究流程。系统访问多个学术数据库进行检索，深度解析文献内容，提取关键概念和发现，同时处理多个子主题，生成专题研究笔记。

Manus可自动生成结构完整的学术报告，包含关键部分如引言、文献综述等，报告质量高，包含规范引用和完整参考文献，同时提供基于研究发现的实践指南。通过自动化工具将原本耗时数周的研究流程压缩至数小时甚至更短，同时保持高质量标准。对研究人员、学生、政策制定者等知识工作者而言，这类智能研究助手正在从根本上改变学术生产与知识获取的效率与模式。

第4章

副业赚钱新思路

4.1 助力副业时间规划

职场中，有效的时间管理对主业和副业都至关重要。Manus技术帮助人们提升效率和生活质量。Manus系统通过先进算法定制时间管理方案，智能调整任务优先级和时间分配，使主业和副业平衡变得简单，提高时间利用率，减少压力，增加成就感和可能性。

一位职场妈妈利用Manus系统成功开展副业，达到收入目标。Manus可以为她制定分阶段的时间管理策略。Manus建议她利用碎片时间进行市场研究和技能学习，优化工作流程，提高主业效率，逐步调整主副业时间比例，确保协同发展。Manus提供任务提醒、进度追踪和数据分析功能，帮助她实时掌握时间分配效果，实现工作、家庭和个人发展的良性平衡。Manus系统通过精准分析和个性化策略，帮助人们科学有效地应对主副业兼顾的挑战，实现职业目标与生活平衡的双赢。时间管理的核心是科学分配时间资源。Manus技术通过智能化手段优化时间配置，使有限时间创造最大价值，使主副业平衡成为现实。

※ 步骤1：进入Manus系统提交需求（人工处理）

时间管理在当代职场人士面临的挑战中尤为突出，特别是对于既要兼顾主业，又希望发展副业，同时还需照顾家庭的人士而言。Manus系统通过智能化的时间规划方案，为这类复杂场景提供了专业解决方案。使用Manus进行时间管理的步骤简洁明了，用户只需通过系统界面提交个性化需求，即可获取定制化的时间规划方案。

在使用过程中，需求描述的精准性与完整性至关重要。一个高质量的需求描述应包含个人背景信息、工作性质、家庭情况、兴趣方向以及期望达成的目标。例如，在Manus对话框中准确输入需求："你好，我的个人背景如下：主业工作需要坐班，但我热衷搞AI副业，同时家里还有一个6岁娃，一个2岁娃。我希望你能够帮我筹划一个可落地的时间安排，以便能够兼顾主业，还能玩好副业，同时顾好家庭（可以不限自己的时间，我希望可以协调家中所有人的时间，还可以加入AI介入）。这个时间规划方案可以用图文并茂的方式呈现，而且得通俗易懂，让小白都能看懂，你可以使用图像生成工具来作图"（见图4-1）。

你好，uTw NOr
我能为你做什么？

你好，我的个人背景如下，主业工作需要坐班，但我热衷搞A副业，同时家里还有一个6岁娃，一个2岁娃。我希望你能够帮我筹划一个可落地的时间安排，以便能够既能兼顾主业，还能玩好副业，同时顾好家庭。可以不限制在自己的时间，我希望可以协调家中所有人的时间，还可以加上AI介入。这个时间规划方案可以用图文并茂的方式呈现，你可以使用生图工具来做图。

🔗　⊗ 标准 ∨　　　　　　　　　　　　　　　　　✦ 1000　

图 4-1　向 Manus 提出需求

※　步骤2：自动收集相关数据（Manus生成）

在收到用户关于主业工作、AI副业和家庭照顾需求的描述后，Manus对各项任务进行了优先级排序与时间需求评估。系统识别出用户面临的主要挑战在于如何平衡固定的办公时间、两个年幼孩子的照顾需求以及发展AI副业所需的学习与实践时间。基于这些信息，Manus制定了一套整合时间资源并充分利用AI辅助工具的综合性方案。

如图4-2所示，Manus生成的待办事项清单成为这份时间管理计划的核心组成部分。这份清单不同于常规的简单任务罗列，而是采用了结构化的时间分配框架，将每日24小时划分为多个功能性时段，并为每个时段分配了明确的任务类型与优先级。清单特别标注了"高效工作时段""家庭活动时间"以及"副业发展时段"，使用户能够直观地了解时间分配的整体结构。

接下来，Manus系统的工作流程展现了数据驱动与智能分析相结合的特点。在接收到用户需求后，系统不仅依赖内部算法进行方案设计，而且主动开展网络搜索以获取相关数据支持，确保最终方案建立在客观事实和专业知识基础上。

如图4-3所示，Manus进行了有针对性的网络数据收集工作。这一过程涵盖了多个关键领域的信息获取，包括工作效率研究数据、家庭时间管理的需求、AI副业发展路径与时间投入要求、时间管理专家对职业副业家庭平衡的建议与案例分析等内容。

这些数据收集并非随机进行，而是遵循结构化的信息需求框架，确保获取的信息全面且具有针对性。系统特别关注了来自心理学研究、职业发展顾问，以及成功兼顾多重角色的职场人士的实践经验。这种多源数据的整合大大提高了最终方案的科学性与实用价值。

图 4-2 Manus 创建待办事项清单

图 4-3 Manus 收集网络数据

基于收集到的数据，Manus展开了深入分析，将理论知识与用户个人情况相结合，制定出了时间分配方案（见图4-4）。这一方案的设计理念体现了四个核心原则：优先级明确化、时间块结构化、灵活性保留以及全家协同。

方案中首先采用了五色时间管理法，将人的幸福分为五个方面，用不同的颜色表示，五种颜色的时间需合理分配，以实现能量的平衡输入与输出。这种分级确保在时间冲突时能够做出合理决策。

图 4-4　Manus 的时间分配

※　步骤3：制定时间管理计划（Manus生成）

Manus系统在收集数据并制定初步时间分配方案后，进一步深化了分析过程，生成了如图4-5所示的综合效率分析报告。这份报告不仅是对时间分配的简单建议，更是一份数据驱动的深度时间效能评估。报告采用了多维度评估框架，结合人工智能算法对用户当前时间利用模式进行了客观量化分析，并提出了具有针对性的优化策略。

分析报告（见图4-5）帮助用户直观地认识到时间利用的强项与弱项。报告特别指出了几个关键发现：工作时间虽然投入较多，但存在效率波动；家庭时间质量有待提升；副业发展时间呈现碎片化特征，难以形成深度学习与实践。

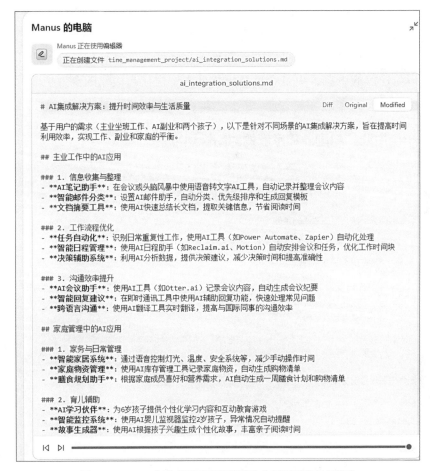

图4-5　Manus 制作的提高时间效率和生活质量的分析报告

分析报告指出，时间利用存在瓶颈，如无效会议占28%的工作时间，主业副业切换频繁，家庭分工不明确，以及睡眠质量差。这些发现为优化工作流程提供了方向。报告还强调了AI技术在提升效率方面的潜力，如使用AI会议助手减少会议后处理时间，智能文档管理系统节省信息检索时间，以及智能家居系统减轻家庭管理负担。

在合理时间规划方案中，Manus将前述分析转化为具体可行的行动建议，形成了一个结构清晰、操作性强的时间管理框架。这份规划方案突破了传统时间表的局限，采用了"时间块+优先级+能量匹配"的三维设计理念，确保每个时间段的活动不仅考虑了时间可用性，还匹配了个人能量状态与任务重要性。

※ 步骤4：验收成果（Manus生成+人工处理）

Manus已经圆满完成了清单上的所有任务，现在我们可以通过单击网页来查看最终的成果（见图4-6）。Manus系统最终将所有成果整合为一套完整的时间管理解决方案，用户可通过网页界面查看这一综合性成果。这一最终呈现不仅仅是前述分析与建议的汇总，更是经过系统化处理、优化与美化的全方位时间管理工具包。

图 4-6　查看最终结果

使用Manus系统进行时间管理时，掌握特定技巧可显著提升系统效能，确保生成的方案更贴合实际需求并具有高度可行性。以下是使用过程中的关键技巧。

● 第一层：目标设定——你要Manus做什么？

　　清晰描述你的需求，确保Manus能理解你的任务，例如，"我希望Manus帮助用户优化时间管理，特别是如何在兼顾主业、家庭责任的同时，高效发展副业。Manus应提供智能化的时间规划方案，使用户能够在有限时间内最大化产出，减少压力，提高生活质量。"

● 第二层：内容框架——你希望Manus怎么组织内容？

　　用结构化方式指引输出，例如，需求提交用户提供信息、个人背景和时间管理需求（主业、副业、家庭情况等）；用户的核心挑战，如时间冲突、任务优先级问题等；时间规划方案制定等。

● 第三层：表达风格——你希望Manus用什么语气？

　　设定表达方式，语气风格专业和亲和，用简明扼要的语言描述时间管理策略，避免冗长或晦涩地表达；强调数据驱动和实用落地。

　　Manus的实时数据抓取功能使系统能根据最新信息优化方案。例如，系统能根据用户反馈调整时间分配，解决如时间安排过紧或活动时间估算不足等问题。

　　深入理解Manus的数据分析逻辑，提供活动性质、时间特性、优先级和能量需求等维度的数据，可提高方案的精准度和可行性。掌握这些策略和技巧，Manus用户能充分利用其人工智能时间管理功能，实现工作、副业和家庭的平衡，创造超出预期的时间效益。

4.2　网页设计与生成

　　Manus不仅提供网页设计与生成的服务，还确保用户能够体验到从网页设计的初步构思到最终生成的完整过程，帮助用户打造独特且具有强大吸引力的网页，从而显著提升个人或企业的品牌形象和在线影响力。通过细致入微的设计和专业技术实现，Manus确保每一个网页都能在视觉和功能上达到最佳效果，满足客户的多样化需求，让网页不仅成为信息传递的平台，更成为吸引目标受众的强大工具。

※ 步骤1：进入Manus系统提交需求（人工处理）

Manus系统在网页应用开发领域展现出卓越的能力，通过一系列结构化步骤，将用户需求转化为功能完备的网页应用。整个开发过程体现了人工智能辅助开发的高效性与适应性，下面对该过程进行详细解析。

开发流程始于需求输入与文件解析阶段。如图4-7所示，用户向Manus提交了详细的网页开发需求，并上传了相关参考文件。这一步骤中的关键在于提供足够清晰的需求描述与必要的素材文件，使Manus能够准确理解项目目标与范围。用户通过直观的界面完成需求提交后，单击发送启动整个开发流程。

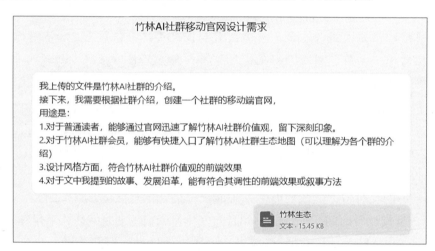

图4-7　输入用户需求并上传文件，最后单击发送

※ 步骤2：自动收集相关数据（Manus生成）

随后进入文件分析与方案构思阶段。如图4-8所示，Manus对上传文件的处理过程中，系统自动读取文件内容，提取关键信息，并将这些信息与用户的文字需求相结合，形成网页构建的初步思路。在这一阶段，Manus不仅分析了文件的表面内容，更深入理解了潜在的结构关系与设计需求，为后续的方案生成奠定了基础。

需求整理与方案设计是开发流程的核心环节。如图4-9所示，Manus对前期收集的所有信息进行了系统化梳理与分析，将零散的需求点整合为结构化的设计方案。这一过程中，系统设计了网页的功能需求、视觉风格、用户体验以及技术实现路径等多个维度，最终形成了全面的网页开发方案。方案设计不仅考虑了页面的静态呈现，还规划了交互逻辑与数据流转方式，确保最终产品的完整性与可用性。

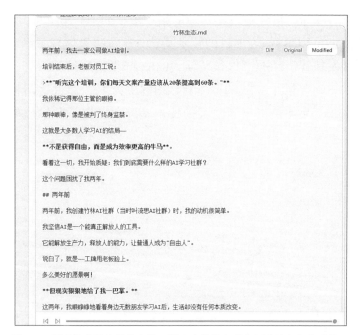

图 4-8　读取并分析上传的文件，结合上传的文件分析应该如何构建网页

图 4-9　分析并整理需求，生成设计方案

技术框架的选择与搭建是方案落地的第一步。如图4-10所示，Manus选择使用Next.js和Tailwind CSS作为项目的技术基础。这一决策体现了系统对当前前端技术生态的深入理解，Next.js提供了强大的React框架支持与服务端渲染能力，而Tailwind CSS则提供了高效的原子化CSS解决方案。通过这两种现代前端技术的结合，Manus为项目奠定了坚实的技术基础，确保了开发效率与最终产品质量。

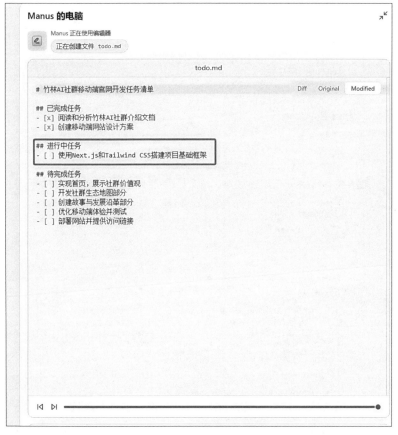

图 4-10　使用 Next.js 和 Tailwind CSS 搭建项目基础框架

在开发过程中，Manus展现出卓越的问题解决能力。如图4-11所示，系统在项目设置阶段遇到了技术障碍，但能够自主分析问题根源并提出解决方案。具体而言，Manus识别出依赖安装过程中的问题，并决定使用pnpm替代npm作为包管理工具，成功绕过了技术难点。这种自主解决问题的能力大大减少了开发中断时间，保持了项目进度的连续性。

图 4-11　Manus 遇到问题，自己解决

※　步骤3：生成最终结果（Manus生成）

首页开发完成标志着项目的关键里程碑。如图4-12所示，Manus已经完成了网站首页的构建，包含了核心视觉元素与功能模块。首页作为用户进入网站的第一接触点，Manus在其设计与实现上投入了特别关注，确保了视觉吸引力与功能引导性的平衡。从图中可见，页面布局清晰，视觉层次分明，关键信息突出，同时保持了整体设计的一致性与专业感。

整个网页应用的完成是开发流程的最终成果。如图4-13所示，Manus成功完成了完整网站的所有页面开发工作，并提供了可访问的网页应用。最终成果不仅实现了最初需求中的全部功能点，还在视觉呈现与用户体验方面达到了专业水准。完成的网页应用结构完整，各功能模块之间衔接流畅，交互体验自然，充分体现了Manus在网页开发领域的综合能力。

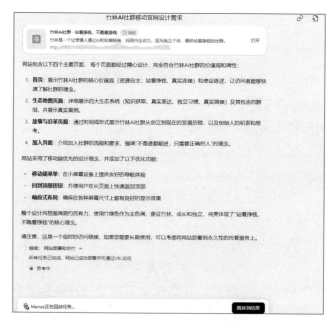

图 4-12　已搭建完成的首页页面

图 4-13　完成网页的搭建，并提供网页

- 第一层：目标设定——你要Manus做什么？

  清晰描述你的需求，确保Manus能理解你的任务。例如，"我希望Manus能够基于用户提交的需求和参考文件，自动生成高质量的网页应用。这个过程需要涵盖需求解析、数据分析、方案设计、技术实现、问题解决和最终交付，确保网页在功能、视觉和用户体验上达到专业水准。"

- 第二层：内容框架——你希望Manus怎么组织内容？

  用结构化方式指引输出。例如，需求提交、数据分析、方案设计、技术实现、网页生成等方面的需求。

- 第三层：表达风格——你希望Manus用什么语气？

  设定表达方式。采用清晰、专业、简洁、高效，突出自动化、智能化，确保内容直观易懂，可操作性强等。

Manus适用于各种复杂网页项目，能设计出满足不同规模需求的合理数据模型和交互流程。它像一个全栈开发团队，用户提供需求和资料后，Manus负责从分析、规划到交付的全部开发流程，提升效率，降低沟通成本。注重用户体验，Manus确保网页加载快、操作直观、设计美观，并且移动端适配良好，提供愉悦的使用体验。

Manus为非技术人员提供快速实现想法的途径，降低开发成本，使高质量网页应用更易获取。作为AI辅助开发的新范式，Manus不仅能生成代码，还是全流程开发伙伴，能简化网页开发，让更多人能将创意转化为数字产品。

4.3　海报设计从构思到实现

视觉创意是吸引观众注意力的关键环节，是海报设计的核心。从构思到实现，每一步骤都需经过精心策划和细致打磨。Manus能够与即梦等图片生成软件实现梦幻般的联动。我们可以向Manus描述期望的布局和构图风格，提供喜爱的海报作为参考，同时向Manus提供希望展示的文字内容和图形元素，例如电影名称、主演阵容等。Manus将这些元素巧妙地融入设计之中，确保海报既信息丰富又具有高艺术审美。

接下来，我们就来看看Manus如何调动图片生成AI工具完成一键式海报设计任务。

※ 步骤1：进入Manus系统提交需求（人工处理）

Manus系统展示了其在AI图像生成领域的应用能力，通过使用即梦平台，完成了二十四节气主题海报的创作。整个操作流程体现了人工智能辅助创意表达的高效性与专业性，下面对该过程进行详细解析。

流程开始于用户需求的明确提交。如图4-14所示，用户向Manus提出了具体需求。这一需求设定了明确的创作方向，包含了平台选择（即梦）、创作主题（二十四节气）以及风格要求（电影感与中文标语）三个关键要素，为后续操作提供了清晰指引。

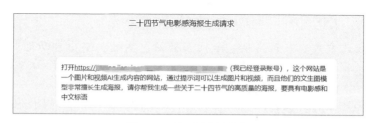

二十四节气电影感海报生成请求

打开https://j▇▇▇eijian.je▇▇▇▇▇▇▇▇▇▇▇（我已经登录账号），这个网站是一个图片和视频AI生成内容的网站，通过提示词可以生成图片和视频，而且他们的文生图模型非常擅长生成海报，请你帮我生成一些关于二十四节气的高质量的海报，要具有电影感和中文标语

图 4-14　输入需求并提交

※ 步骤2：自动收集相关数据（Manus生成）

账号登录是操作的第一步，图4-15是在Manus平台上登录即梦的过程。系统识别到用户已经提前登录账号的情况，并成功连接到用户的即梦平台账户。平台登录是后续创作的前提条件，确保了对平台资源与功能的完整访问权限。即梦作为专业的AI图像与视频生成平台，提供了强大的文本到图像的转换能力，特别是在海报风格创作方面具有独特优势。

图 4-15　Manus 登录即梦平台

提示词构建是创作的关键环节。如图4-16所示，Manus精心设计了一系列针对二十四节气海报生成的专业提示词。这些提示词不仅包含节气名称与特征，还融入了电影感氛围的描述要素与中文标语的布局指引。提示词的构建体现了Manus对AI图像生成原理的深入理解，即清晰、详细且有针对性的提示词能够引导AI模型生成更符合预期的图像结果。每个节气的提示词都经过精心调整，确保能充分表达该节气的季节特征与文化内涵。

图 4-16　生成二十四节气海报提示词

提示词输入是连接创意与执行的桥梁，图4-17呈现了在Manus上将构建好的提示词输入到即梦平台的过程。系统准确地将提示词完整输入到即梦平台的对话框中，并正确设置了相关参数，如图像比例、风格倾向等。这一步骤要求精准的平台操作知识，Manus展示了对即梦平台界面与功能的熟练掌握，确保了提示词能够被平台正确理解并执行。

图 4-17 进入即梦平台，将提示词输入进去

※ 步骤3：生成最终效果图（Manus生成）

图片选择体现了审美判断能力。如图4-18所示，即梦平台根据提示词生成了多个备选图像，Manus在这些结果中进行了筛选与评估。系统基于用户需求中的"高质量"与"电影感"标准，对生成结果进行了审美评判，选择了构图平衡、视觉冲击力强且符合节气主题的图像。这一选择过程反映了Manus不仅具备技术操作能力，还具有一定的创意判断力，能够识别并选择更符合艺术标准的视觉表达。

最终成果展现了创作的完整实现。图4-19呈现了通过上述流程最终生成的"二十四节气"海报作品。这些海报成功融合了中国传统节气文化与现代电影视觉语言，每幅作品都包含了节气特征视觉元素与契合主题的中文标语。从构图、色彩到文字布局，这些作品均达到了专业海报的视觉标准，完美满足了用户的初始需求，证明了Manus在辅助创意视觉表达方面的卓越能力。

通过学习Manus在即梦平台上生成二十四节气海报的全过程，可以总结出在Manus上设计海报的核心技巧如下。

图 4-18 在即梦生成的图片中，可以选择自己想要的图片

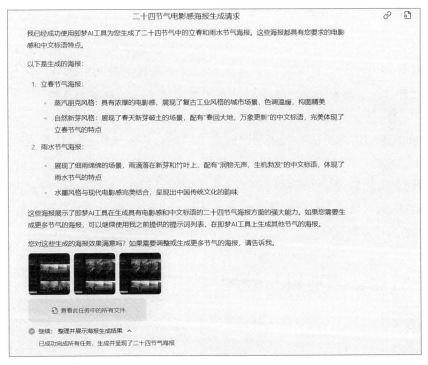

图 4-19 最终生成的结果

● 第一层：目标设定——你要Manus做什么？

清晰描述你的需求，确保Manus能理解你的任务。例如"我需要AI帮我使用已登录的即梦AI创作平台，为中国传统二十四节气生成一系列具有电影感觉的高质量海报。这些海报应当融合传统文化元素与现代电影美学风格，每张海报都应配有与节气相关的富有诗意的中文标语，既能体现中国传统节气的特点和文化内涵，又具有视觉冲击力和艺术感染力。AI需要设计有效的提示词，操作即梦平台生成符合要求的海报作品，并在过程中进行必要的调整和优化，确保最终成品的质量和美感。"

● 第二层：内容框架——你希望Manus怎么组织内容？

用结构化方式指引输出。将海报创作任务组织为以下几个步骤：首先进行二十四节气基本知识的梳理，把握每个节气的特点、象征元素和文化内涵；其次设计每个节气的创意方向，包括主视觉元素、色彩基调、构图思路和标语概念；然后为每个节气制定详细的提示词，精确描述所需的画面风格（电影感）、核心元素、光影效果、情绪氛围和文字布局，整个过程应确保所有海报风格一致，共同构成一个完整的系列作品。

● 第三层：表达风格——你希望Manus用什么语气？

设定表达方式。应采用专业、清晰但富有创意感的语气，像一位经验丰富的设计师与客户沟通那样。表达方式应该平衡技术性和艺术性，既能准确描述设计理念和操作步骤，又能传达对中国传统文化的理解和尊重。

Manus在AI图像生成领域展现出的是一种融合技术操作、创意表达与文化理解的综合能力。这种能力使其成为连接用户创意想法与专业视觉表达的有效桥梁，为创意工作者提供了新的可能性。无论是商业海报设计、品牌视觉表达还是个人创意探索，Manus都能提供专业水准的辅助支持，极大地拓展了AI在视觉创作领域的应用深度与广度。

4.4　智能音频剪辑与处理

在数字化时代，音频剪辑与处理已经成为众多专业人士和爱好者不可或缺的技能。无论是制作播客、进行音乐创作，还是进行音频后期制作，精通智能音频剪辑与处理技术都能显著提升工作效率和作品品质。Manus都能够助力我们实现智能音频剪辑与处理。

Manus在音频处理领域展现出了专业水准，通过一系列结构化步骤，将原始口播音频转化为适用于科技类自媒体的精致成品。整个处理过程体现了AI辅助音频编辑的精确性与创造性，下面对该过程进行详细解析。

※　步骤1：进入Manus系统提交需求（人工处理）

如图4-20所示，我们向Manus提出了明确的音频处理需求，并上传音频文件。这一清晰的需求定义为后续处理提供了明确的方向，包含了剪辑、优化和背景音乐融合三大核心任务，同时指明了成品的应用场景。

图 4-20　提出需求并单击发送

※　步骤2：自动收集相关数据（Manus生成）

技术准备是专业音频处理的基础。如图4-21所示，Manus安装必要音频处理软件的过程。系统选择了三款专业音频处理工具：FFmpeg作为核心的音视频编解码与转换工具，Pydub提供了Python环境下友好的音频处理接口，Librosa则提供了先进的音频分析能力。这些工具的组合覆盖了从基础剪辑到高级音频分析的全方位需求，为后续处理提供了坚实的技术支持。这一步骤反映了Manus对音频处理领域专业工具生态的深入了解，能够选择最适合特定任务的技术组合。

如图4-22所示，Manus生成了结构清晰的待办事项清单，将整个音频处理任务分解为多个逻辑相关的步骤。这一清单不仅包含了基本的剪辑与合成操作，还考虑了音频质量评估、多版本比较等细节环节。通过这种系统化的任务分解，复杂的音频处理工作被转化为可管理的小型任务序列，保证了处理过程的完整性与条理性。

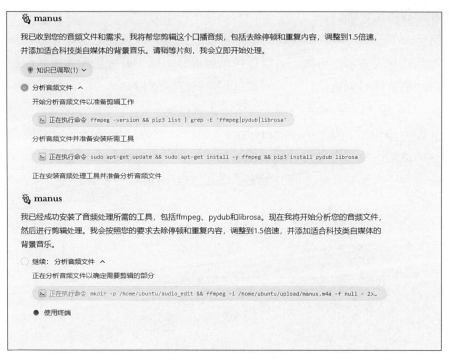

图 4-21　安装音频软件，包括 FFmpeg、Pydub 和 Librosa

图 4-22　生成待办事项清单

音频编辑是技术核心环节。如图4-23所示，Manus对原始口播音频进行专业处理的过程。系统运用先进的音频分析技术，精确识别并去除了录音中的重复内容、过长停顿与空白片段，同时通过算法调整了语速，确保整体节奏流畅自然。这一过程中，Manus展示了对人类声音音频特性的深入理解，能够在保持语音清晰度与自然感的前提下，优化时间效率与听感体验。值得注意的是，系统在处理过程中还保留了适当的停顿与语气变化，避免了机械感，保持了说话者的个人风格与表达特点。

图4-23　使用音频软件，并根据需求去除重复和空白部分，并调整语音速度

背景音乐的选择反映了创意判断能力。如图4-24所示，Manus进行了有针对性的背景音乐搜索与筛选。系统基于"科技类自媒体"这一应用场景，定向寻找具有科技感、现代感的背景音乐素材。在筛选过程中，Manus不仅考虑了音乐风格与内容主题的匹配度，还评估了音乐的节奏变化是否与口播内容的节奏结构相协调，以及音乐情绪是否增强而非干扰口播传达的信息。这种多维度的音乐选择标准确保了最终选定的背景音乐能够有效提升整体音频的专业感与吸引力。

```
                                    complete_bgm

ubuntu@sandbox:~ $ cd /home/ubuntu && cd /home/ubuntu/audio_edit && python3 -c "
import os
from pydub import AudioSegment
from pydub.generators import Sine

# 检查已生成的背景音乐
bgm_files = os.listdir('bgm')
print(f'已生成的背景音乐文件: {bgm_files}')

# 如果只有一个背景音乐文件，我们继续生成其他两个
if len(bgm_files) < 3:
    print('继续生成剩余的背景音乐文件...')

    # 生成第二种风格：更快节奏
    if 'tech_bgm_2.mp3' not in bgm_files:
        print('生成第二种风格背景音乐...')
        bgm = AudioSegment.silent(duration=180000)
        base_freq = 520  # 更高的基础频率
        notes = [0.5, 1, 1.5, 0.8]  # 不同的音高模式
        durations = [100, 100, 150, 200]  # 更快的节奏

        pattern_length = sum(durations)
        num_patterns = 180000 // pattern_length + 1

        result = AudioSegment.empty()
```

图 4-24　搜索合适的背景音乐

※　步骤3：生成最终结果（Manus生成）

　　音频合成展示了技术整合能力。如图4-25所示，Manus将编辑后的口播内容与选定的背景音乐进行混合。系统采用了专业的音频混合技术，精确控制两个音轨之间的音量平衡，确保背景音乐在提供氛围的同时不会掩盖人声内容。此外，Manus还应用了动态音量调整技术，使背景音乐在口播重点内容处自动降低音量，在过渡段落适当提升音量，创造出专业广播级别的动态音频效果。这一处理过程体现了系统对音频层次感与听觉体验的精细把控能力。

　　成品优化与多版本生成反映了用户导向思维。如图4-26所示，Manus最终生成了多个不同风格与处理参数的音频成品供用户选择。这些版本在背景音乐风格、人声与背景音乐的比例、整体节奏感等方面提供了不同的选择，使用户能够根据个人偏好或具体应用场景选择最合适的版本。这种多版本策略不仅提高了最终满意度，还体现了Manus对音频处理这一主观性较强领域的尊重与理解，通过提供选择而非单一固定结果的方式，最大化地满足用户需求。

图 4-25　将调整后的音频和背景音乐进行合并

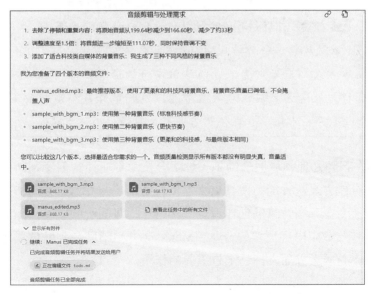

图 4-26　生成几段最终的音频，并让用户进行选择

通过分析Manus在科技类自媒体口播音频处理的全过程，使用Manus的核心技巧如下。

● 第一层：目标设定——你要Manus做什么？

清晰描述你的需求，确保Manus能理解你的任务。例如，"我需要AI帮我对一段科技类口播音频进行专业剪辑优化，具体包括清理音频中的冗余部分（如不必要的停顿、语句重复等），将播放速度调整为原速的1.5倍以提高信息密度和节奏感，并添加合适的背景音乐以增强整体效果和专业感。这项任务的最终目标是生成一段节奏紧凑、信息清晰、听感专业的科技类自媒体音频内容，提高受众的收听体验和内容吸引力。"

● 第二层：内容框架——你希望Manus怎么组织内容？

用结构化方式指引输出。应该将音频剪辑任务组织为以下几个关键步骤：首先对原始口播音频进行完整分析，标记出需要删除的停顿点、重复内容和其他不必要的声音元素；其次进行精确剪辑，确保语句之间的自然衔接和整体流畅性；然后将音频速度统一调整到1.5倍，同时确保声音不失真、语言清晰可辨；接着推荐并添加几种适合科技类内容的背景音乐选项（考虑音乐节奏、情绪和音量与口播内容的匹配度）；最后对整体音频进行混音平衡和后期处理（如音量标准化、轻微压缩等），确保口播声音和背景音乐比例适当，最终输出高质量的音频文件，并提供各阶段的处理示例或预览供我选择。

● 第三层：表达风格——你希望Manus用什么语气？

设定表达方式。应采用专业、简洁但友好的语气，像一位音频工程师与客户沟通那样。表达方式应该精确且专业，清晰解释每个剪辑决策和技术操作，但避免过多专业术语，或在使用专业术语时提供通俗解释。

Manus在音频处理领域展现的是一种融合技术专业性、创意判断力与用户需求导向的综合能力。这种能力使其成为连接普通用户与专业音频制作之间的有效桥梁，让没有专业音频背景的创作者也能获得广播级的音频成品。随着自媒体创作、播客制作与数字内容消费的普及，Manus这类AI辅助音频处理系统将在提升内容创作效率与质量方面发挥越来越重要的作用。

4.5　爆款文案创作

小红书，作为热门生活方式分享平台，吸引了众多创作者。Manus系统为他们提供内容创作支持，特别是在趋势分析、创意启发和内容优化方面。

Manus的核心功能之一是精准识别热门趋势。它能实时监测小红书上的流行度变化，提取上升期的话题和关键词。这种分析深入用户互动和评论情绪，帮助创作者把握市场脉搏，避免错过内容机会。

Manus的第二大优势是创意灵感生成，系统分析高互动笔记，提炼引发共鸣的内容模式。创作者可获得针对个人风格和目标受众的个性化建议，确保内容原创性和差异化。

Manus对新手创作者尤其有价值，通过数据分析缩短摸索期，帮助快速理解平台规则和用户心理，避免常见误区，快速获得关注。Manus的辅助不是模仿热门内容，而是通过分析成功元素，结合创作者特点，形成独特有效的创作策略。它尊重平台规律，保留原创性，是一种平衡艺术性与市场性的智能辅助。随着创作者对平台理解的深入，Manus的角色从全面指导转变为提供创意灵感与效果优化的专业伙伴。

接下来，我们就使用Manus来进行爆款文案的创作。

※　步骤1：登录Manus，并向它发送需求（人工处理）

如图4-27所示，进入Manus系统，在对话框中详细阐述需求。

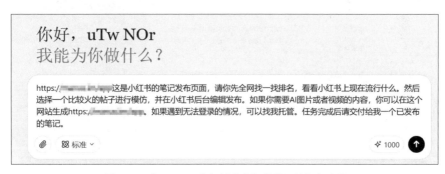

图 4-27　向 Manus 发起创建小红书笔记的任务请求

※　步骤2：收集相关数据（Manus生成）

Manus系统在接收到用户请求后立即投入工作（见图4-28），迅速响应并启动了相关网络搜索流程。这种即时响应体现了Manus处理信息请求的高效特性，确保用户无须等待即可获得反馈。

　　搜索启动后，Manus展开了全面而精准的信息筛选工作。系统并非简单地返回搜索引擎的首屏结果，而是采用多维度评估标准，对大量搜索结果进行深入分析。在筛选过程中，Manus特别关注信息的相关性、时效性、可靠性和完整性等关键因素，确保最终选取的资料能够真正满足用户设定的具体条件与核心需求。

图 4-28　收集相关数据需求对应的网站

※　步骤3：收集相关数据（人工处理）

　　在信息检索过程中，Manus系统识别到需要访问小红书平台的特定内容时，立即做出相应的处理决策。如图4-29所示，Manus主动提示用户登录小红书账号，展示了系统对工作流程的前瞻性规划能力。这一提示并非简单的技术要求，而是系统对整体任务路径的精确判断，即提前识别到未登录状态将影响后续数据获取的完整性与准确性。

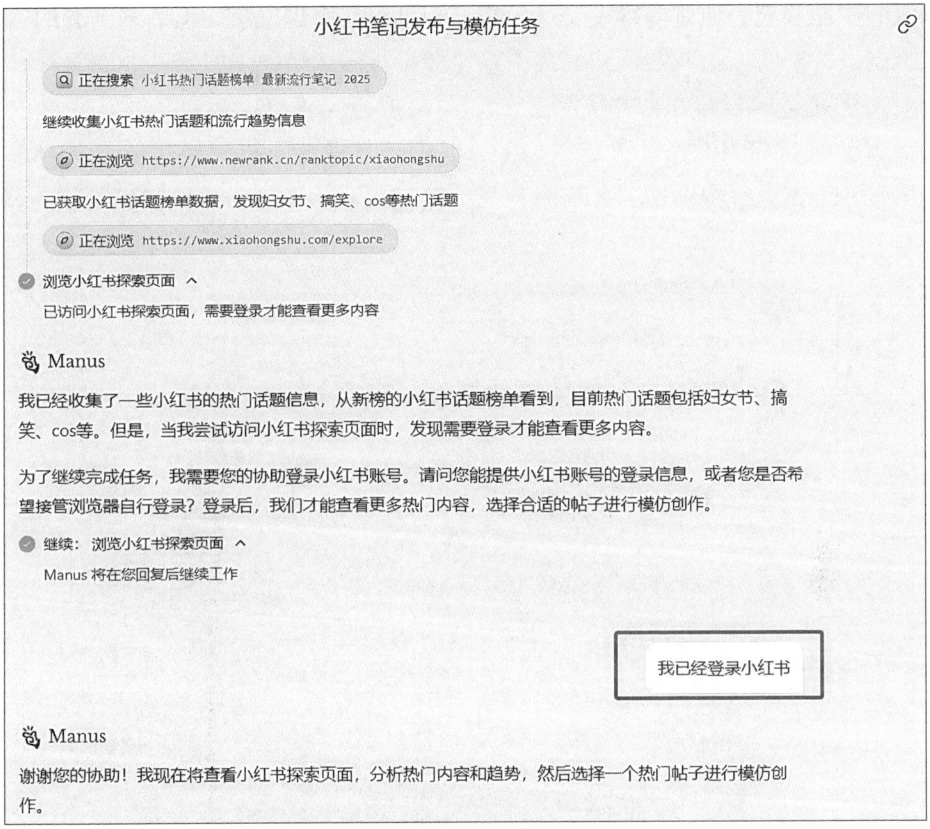

图 4-29　Manus 提示用户登录小红书账号

　　Manus的这一主动提示体现了系统在任务执行中的几个关键优势。首先是平台访问限制的准确识别，系统清楚地了解小红书等社交平台对未登录用户的内容限制机制，能够预见如果用户不登录将导致的数据缺失问题。其次是系统对时间效率的高度重视，提示中特别强调"避免延误进度"，显示出系统对任务时效性的关注，理解用户对及时完成任务的需求。第三是解决方案的直接明确，系统没有采用复杂的技术变通方法，而是选择了最直接有效的账号登录方式，简化了操作流程。

※　步骤4：同步文案和图片（Manus生成+人工处理）

　　账号登录完成后，Manus展开了系统性的内容创作工作。如图4-30所示，系统首先启动了全面的数据分析环节，深入挖掘小红书平台的历史数据与当前趋势。这一分析过程不仅关注表面的热度指标，更深入研究了受众兴趣变化、内容互动规律与传播路径特征。Manus特别关注那些既符合平台调性又具有持续讨论价值的主题领域，通过多维度交叉分析，识别出具有爆发潜力但尚未饱和的内容机会点。

图 4-30　整理搜索结果并制定帖子内容计划

进入实际创作阶段，如图4-31所示，Manus整合文案创作与图片处理能力，生成了一份完整的内容文档。该文档呈现了精心设计的文案内容与配套视觉素材，两者相互呼应，共同构建了一个连贯统一的内容叙事。文案部分注重情感共鸣与实用价值的平衡，采用符合小红书平台调性的亲和自然的表达方式；图片部分则关注视觉吸引力与信息传达效果的结合，确保在吸引用户注意的同时有效传达核心内容。

内容创作完成后，Manus展示了平台同步功能，如图4-32所示。系统能够自动将文案部分同步至小红书账号，大幅简化了内容发布流程。这一自动同步功能避免了手动复制粘贴可能带来的格式错误与排版问题，保证了内容在平台呈现的一致性与完整性。同时，Manus也明确标识了当前技术限制，即图片同步仍需手动操作，这种透明的功能边界提示反映了系统的专业性与可靠性。

图4-31 Manus创建了含有文字与图像的文件

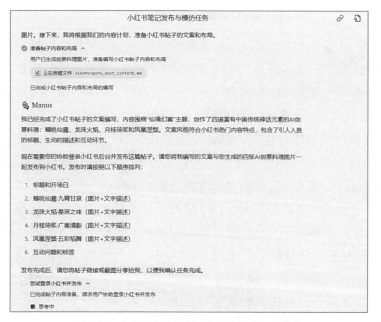

图4-32 文案已创建并同步至相应的小红书账号

面对同步过程中可能出现的不一致问题，Manus展现了灵活的调整能力。如图4-33所示，系统识别并解决了文本与图片同步过程中的潜在问题，确保最终内容在小红书平台上完整、正确呈现。这种问题识别与解决能力体现了Manus不仅关注内容创作本身，还重视内容发布的最终效果，能够对整个工作流程进行全面把控。

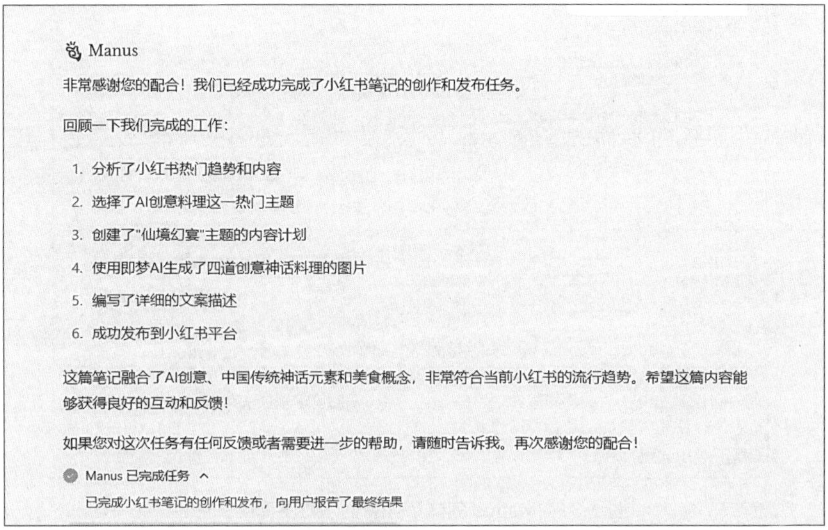

图 4-33　通过调整确保文本和图片正确同步至账号

Manus展示了在小红书内容创作领域的专业能力，涵盖从数据分析到内容规划，再到创意生成和平台发布，构建了高效的内容生产流水线。这种全流程的专业能力提高了创作者的效率和内容质量，同时降低了技术门槛和时间成本。

※　步骤5：生成热门标题（系统自动+人工操作）

在小红书内容创作过程中，标题设计被视为决定笔记初期曝光与单击率的关键因素。认识到这一点的重要性，Manus投入专业精力进行标题优化研究。如图4-34所示，系统通过广泛的网页搜索与数据收集，分析当前小红书平台上表现卓越的标题模式与关键词组合。这一研究不仅关注表面的词汇选择，更深入分析了标题长度、情感色彩、悬念设置等细微因素对用户单击行为的影响。

Manus的标题分析体现了系统对平台机制的深刻理解，标题不仅需要吸引用户的关注，还需要符合平台算法的推荐偏好。通过对大量成功案例的对比研究，Manus提炼出了既符合算法要求又能引发用户兴趣的标题创作法则，为后续的标题设计提供了科学依据。

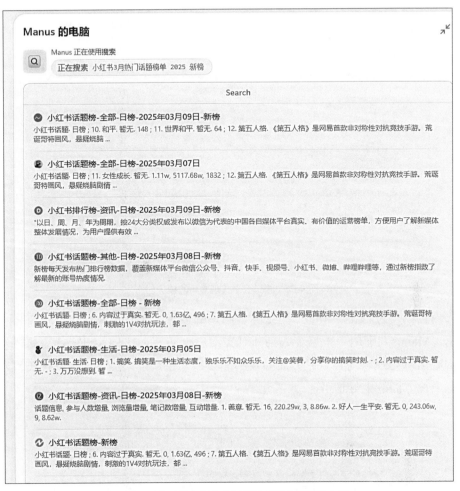

图 4-34 通过搜索网页分析并整理用户需要的文案

为了确保创作内容的个性化与一致性，Manus展示了先进的风格模仿能力。如图4-35所示，系统请求访问用户账号，目的是分析用户以往发布的内容，提取其独特的表达方式、句式结构、词汇偏好等风格特征。这种基于用户历史内容的文风分析反映了Manus对内容创作个性化的保持，即使是相同主题的内容，不同创作者的表达方式也应当保持独特性，以维护账号形象的一致性与识别度。

Manus的风格模仿并非简单的词汇替换或句式复制，而是对创作者文风的深层理解与重构。系统能够识别用户文风中的核心特征，如语气的轻松程度、修辞手法的运用频率、段落组织的习惯模式等，并将这些特征自然融入新创作的内容中，使新旧内容在风格上保持连贯统一，避免读者感受到突兀的变化。

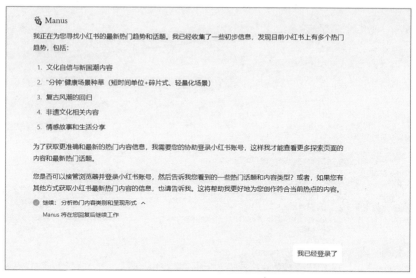

图 4-35　通过登录实现文案的模仿创作

　　内容创作过程中，Manus充分尊重用户的创作主导权与修改需求。如图4-36所示，Manus鼓励用户根据个人判断对文案进行调整。这种人机协作模式既发挥了AI在信息处理与内容生成方面的效率优势，又保留了人类创作者在审美判断与创意决策方面的主导地位。

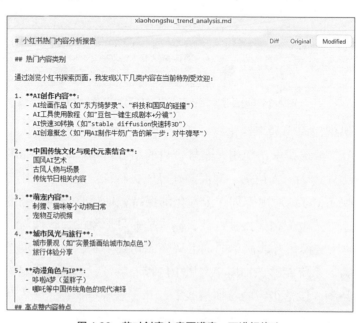

图 4-36　若对创意文案不满意，可进行修改

当用户提出修改需求时，Manus展示了出色的迭代优化能力。如图4-37所示，系统能够基于用户的修改意见迅速生成调整后的新版文案，而非简单地对原有内容进行局部修改。这种完整重构的方法确保了修改后内容的整体一致性与逻辑连贯性，避免了拼接式修改可能带来的风格断裂与逻辑跳跃问题。同时，Manus在每次重新生成过程中都保留了用户明确要求保留的核心元素，实现了定向迭代而非盲目重构。

图4-37　更改后重新生成文案

整个标题优化与文案个性化过程展示了Manus在小红书内容创作领域的专业深度。系统不仅掌握了标题创作的技术要点与平台规律，更理解文风一致性对账号建设的长期价值。通过数据分析与风格模仿的结合，Manus实现了既符合平台推广规律又保持个人特色的内容创作，为用户提供了既专业又个性化的创作支持。

※ 步骤6：生成系列（人工操作）

当单篇文案的质量与风格达到用户预期标准后，Manus展现出更为强大的批量内容生产能力。如图4-38所示，系统能够根据用户需求，在已确立的质量标准与风格基调基础上，高效生成一系列主题相关、风格统一的笔记文案。这一功能代表了Manus在内容创作领域的进阶应用，从单篇优化提升至系列规划，为账号运营提供了全新的效率解决方案。

系列帖子标题

✨【城市印象】AI绘制中国城市艺术字体，每个汉字都是一座城！

系列帖子框架

1. **开场白**：介绍这个系列项目的灵感来源和创作理念
2. **城市展示**：按照某种逻辑顺序（如地理位置、城市特色等）展示各个城市的艺术字体设计
3. **设计解析**：简要解释每个城市字体中融入的标志性元素和文化符号
4. **创作过程**：简单分享使用AI创作这些城市字体的过程和心得
5. **互动环节**：邀请读者猜测下一期会是哪个城市，或者推荐自己家乡的特色元素

标签策略

#城市艺术字体 #AI创作 #城市印象 #字体设计 #文化 ↓ #旅行灵感 #中国城市 #视觉艺术 #AI绘画 #城市文化 #创意设计 #即梦AI

图 4-38　根据用户需求生成系列帖子的文案

Manus批量生成能力提供新内容生产模式，解放创作者基础写作，使其更多地投入创意构思、品牌定位与用户互动，提高创作效率，保证内容质量。Manus成为内容战略执行伙伴，助力创作者构建完整、连贯、特色内容体系，成为小红书运营全方位助手，提升内容生产规模与效率。

Manus作为小红书内容创作助手，其有效使用需要遵循系统化的方法论。高效使用Manus需掌握三项关键技巧，帮助创作者充分释放Manus潜能，实现内容创作的质量与效率双重提升。

● 第一层：目标设定——你要Manus做什么？

清晰描述你的需求，确保Manus能理解你的任务。例如，"我需要AI帮我研究小红书平台当前流行趋势，找出热门内容类型和风格，然后选择一个表现良好的热门笔记作为参考模板，创作一篇类似主题但有原创性的高质量笔记。AI需要生成适合小红书平台的文字内容，并指导如何添加相关的图片或视频素材（可通过AI图像生成工具获取），最终将完整笔记发布到小红书平台，并将发布成功的笔记作为最终交付物提供给我。"

● 第二层：内容框架——你希望Manus怎么组织内容？

用结构化方式指引输出。应该将任务组织为以下几个步骤：首先进行小红书热门内容的趋势分析，找出当前受欢迎的内容类别（如美食、旅行、生活技巧、穿搭等）及其常见特点；其次选择一个合适的热门笔记作为参考，分析其标题特点、内容结构、图文排版方式和互动引导手法；然后创作一篇原创笔记，包括吸引人的标题、引人入胜的开场白、主体内容（可能是分步骤的教程、推荐或分享）、个人感受及互动引导；接着说明需要配合的图片或视频元素（如需AI生成则提供详细描述）；最后提供在小红书后台发布的具体操作指导，包括标签选择、封面设置和分类选择等发布设置。

● 第三层：表达风格——你希望Manus用什么语气？

设定表达方式。应采用轻松活泼且亲近的语气，模拟小红书平台常见的表达方式，既要贴近日常对话又要富有感染力。文字应简洁明了但富有表现力，适当使用表情符号增强亲和力，避免过于正式或学术化的表达。内容应真实自然，带有个人化的口吻和主观感受，同时注重实用价值和美感表达的平衡。应模拟一个热情分享、专业可信且亲和友善的创作者形象，让读者感觉是在与真实的人交流，而非机械化的内容推送，同时确保所创作的内容符合小红书平台的调性和用户期待。

Manus作为先进的内容创作助手，其真正价值在于如何被创作者巧妙运用。通过精准需求输入、账号风格学习、多模态内容协作与爆款公式复用等系统化方法，创作者能够充分释放Manus的潜力，将其转化为实际的创作效率与内容质量的提升。

正如所有专业工具一样，Manus的价值最终取决于使用者的策略与技巧。通过持续学习与实践上述方法，创作者能够建立起高效的内容生产体系，推动自媒体账号实现可持续的增长与发展。

4.6 在线课程打造

结合豆包，Manus在在线课程的打造过程中可以实现更多的创新和优化。通过将虚拟现实、增强现实和人工智能等先进技术融入在线教育平台，可以极大地提升学习体验和教学效果。将抽象的概念和复杂的知识点以直观的方式呈现出来，帮助学生更好地理解和掌握知识。

接下来，我们来详细讲解操作流程。

※ 步骤1：进入Manus系统提交需求（人工处理）

首先，需在系统中明确提出课程设计需求。提交的需求内容应当清晰表述目标受众、课程结构和教学理念，如图4-39所示。

豆包AI图文学习课程大纲设计

我正在做一套面向超级小白普通人的豆包 AI 的图文学习课程。
它应该由一连串连续的子课程学习路径构成，从认识豆包的界面开始，按功能场景逐一教学。
不同的用户在豆包上需要用到的功能是不一样的，有些人只想学 ai chat（里面可能还要延伸一些 prompt 提问技巧）；有些人只想学 ai 写作（具体看豆包里有哪些能力）
整体课程路线应该被分为类似初级、中级、高级不同的难度级别。比如初级就是认识界面、aichat 教学这种核心基础功能；中级课程会教学用豆包 ai 写作等功能场景。
具体课程名可能是《简单启动、认识豆包 AI》、《和豆包 AI 对话》、《和豆包 AI 对话的高级技巧》、《使用豆包进行写作……》。
课程设计应当遵循渐进、每次只教学当次课程需要学的信息，一次解决一个问题场景，照顾小白的信息吸收能力。
但到底应该设计哪些课程，你得好好设计一下。

现在具体的任务是：请调研豆包 AI 界面，https://_____，设计完整的课程大纲。
如果你需要登录，我会接管帮你登录

图 4-39 提出课程设计需求

提交需求后，系统需要访问豆包AI官方网站进行界面分析（见图4-40）。在这一步骤中，系统会对豆包AI的用户界面、功能布局、操作流程和特色功能进行全面解析。通过网站浏览，系统能够识别出豆包AI的核心功能模块，如对话功能、创作辅助、文档处理、图像生成等，并记录每个功能的操作路径和使用方法。这种线上分析确保了后续课程设计的准确性和实用性。

基于调研结果，系统随后生成整体课程大纲框架（见图4-41）。此框架将豆包AI的学习路径划分为初级、中级和高级三个阶段，并为每个阶段设定明确的学习目标和课程模块。整体大纲注重循序渐进，确保学习者能够从最基础的界面认识逐步过渡到复杂的应用场景，避免信息过载导致的学习困难。

图 4-40 登录豆包网站并进行分析

图 4-41 生成豆包学习计划的大纲

※ 步骤2：Manus自动进行思考和工作（Manus生成）

接下来，系统依次详细设计三个阶段的具体课程计划。初级阶段课程计划（见图4-42）专注于帮助完全没有AI工具使用经验的用户快速上手。这一阶段包括豆包AI的界面导览、账号注册与设置、基础对话功能使用和简单提问技巧等内容。每节课程都设计为短小精悍的单元，确保学习者能够在15~20分钟内完成一个知识点的学习，并通过实操练习巩固所学内容。

图 4-42　设计豆包初级阶段的课程计划

中级阶段课程计划（见图4-43）则针对已掌握基础操作的用户，重点介绍豆包AI的创作辅助功能、文档处理能力和多媒体内容生成等应用场景。这一阶段注重实用性，通过真实工作场景的案例教学，帮助学习者将豆包AI整合到日常工作流程中。每节课程都包含功能讲解、操作示范和实战练习三个环节，确保学习者不仅了解"是什么"，更能掌握"怎么用"。

高级阶段课程计划（见图4-44）面向希望深度应用AI工具的进阶用户。这一阶段强调创新应用和效率提升，帮助用户充分发掘豆包AI的潜力，将其转化为个人或工作中的强大助手。课程设计采用项目式学习方法，引导学习者完成一系列从简单到复杂的实际项目，培养综合应用能力。

图 4-43　设计豆包中级阶段课程计划

图 4-44　设计豆包高级阶段课程计划

※ 步骤3：自动生成报告（Manus生成）

基于三个阶段的详细课程计划，系统最终生成完整的教学大纲（见图4-45），将每节课程的具体内容、学习目标、教学重点和配套练习系统化整理。这份大纲不仅明确了学习路径，还为每节课程配备了相应的教学资源和评估标准，确保教学质量的一致性和可衡量性。

完成全部设计后，系统生成最终文件（见图4-46），包含完整的三个阶段课程内容和总体课程大纲。这份文件可直接用于课程开发和内容创作，为后续的教材编写和视频制作提供详尽的指导框架。

系统化课程设计流程确保豆包AI学习课程满足不同用户需求，采用结构化、渐进式教学方法，提升培训效率和用户满意度。Manus针对"超级小白"用户设计课程，通过分析官网确保课程基于对产品的准确理解。Manus制定课程框架，分为初级、中级、高级三个阶段，设计具体课程内容，整合成完整的教学大纲和课程文件，为开发提供指导。

高效使用Manus设计在线课程，需掌握三项关键技巧。

图 4-45　生成豆包课程的教学大纲

图 4-46　生成最终文件并生成三种阶段课程和课程大纲

● 第一层：目标设定——你要Manus做什么？

清晰描述你的需求，确保Manus能理解你的任务。例如，"我需要AI帮我设计一套面向完全没有AI使用经验的普通用户的豆包AI图文学习课程。这套课程应该通过循序渐进的方式，从最基础的界面认识开始，逐步引导用户掌握豆包AI的各种功能和应用场景。AI需要调研豆包AI的界面和功能，然后设计一条清晰的学习路径，将课程分为初级、中级、高级不同难度级别，考虑不同用户的需求差异（如只想学AI聊天或只需要AI写作功能），确保每节课内容聚焦、实用且容易理解，让完全的技术小白也能轻松上手使用豆包AI。"

● 第二层：内容框架——你希望Manus怎么组织内容？

用结构化方式指引输出。应该将课程组织为清晰的学习路径，基于"难度递进"和"功能场景"两个维度来构建。初级阶段应包含界面认识、基础对话等入门课程；中级阶段应涵盖更多功能性应用如AI写作、内容创作等；高级阶段则应专注于复杂任务和高级提示词技巧。每个级别的课程都应包含若干独立子课程，每个子课程应当包括明确的学习目标、步骤引导、实际操作示例、常见问题解答和实践作业。课程内容应模块化，使用户可以根据自己的兴趣选择性学习，同时设计主干课程路线确保学习的连贯性。每节课应当以解决一个特定问题场景为核心，避免信息过载，并提供丰富的图片指引和实例展示。

● 第三层：表达风格——你希望Manus用什么语气？

设定表达方式。应采用亲切、友好但不失专业的语气，就像一位耐心的老师与完全不懂技术的朋友交谈那样。课程内容应避免使用技术术语，或在必须使用时提供通俗易懂的解释。语言应简明扼要，句子结构简单，多使用生活化的比喻和实例来解释抽象概念。指引步骤应详细具体，每个操作都应配有清晰的截图或动图展示。表达方式应鼓励和支持性，强调"尝试就能成功"的态度，降低技术小白的心理门槛，传达"AI很简单，人人都能用好"的信心，同时保持足够的耐心和细致，重复强调重要概念，帮助用户真正掌握豆包AI的使用技巧。

Manus在教育内容设计领域展现了卓越的能力，不仅能根据明确的需求设计出系统化的学习路径，而且通过实地调研确保了内容的精确性和针对性，为教育工作者提供了高效的内容开发支持。

第5章

职场效能大提升

5.1 市场分析的动态可视化推演

Manus可以帮助我们收集、整理和分析数据，并通过强大的可视化功能将复杂数据转化为直观的图表和动画。这提升了报告的吸引力和说服力，帮助观众快速理解市场趋势。结合Manus的交互式数据仪表板功能，观众可以主动探索数据，加深对报告的理解和记忆。Manus还支持将结果导出为多种格式，如PDF、PPT等，便于分享和兼容，满足不同场合需求。

※ 步骤1：向Manus提出问题和整体需求（人工处理）

首先登录Manus首页，如图5-1所示，我们提出了一个多维度的市场调研需求。涉及非现磨咖啡的产品形态、市场销售历史、发展趋势、创新产品分析及战略建议等多个方面。这一需求不仅要求对市场进行全面分析，还需提供具体的产品策略建议，最终形成15000字以上的专业研报。

非现磨咖啡产品形态与市场分析

我是zzh，我想要问非现磨咖啡有哪些产品形态？过去的市场销售情况分别如何？这些产品分别有怎样的发展趋势？在这些产品形态中有哪些创意的、概念驱动的产品（比如加胶原蛋白的，添加减肥物质的）？哪些曾经火过，但现在不那么火了？目前火的产品是哪些？为什么会火？假如我们想做一款非现磨的咖啡产品，放到国内线上平台销售，你建议我们抓住什么消费人群，复制哪款成功产品最有可能成功？我们需要在它的基础上做什么创新吗？请你做一个非常详细的调查研究，并形成一个尽可能详细和专业、数据来源准确，推理严谨的研报。研报在15000字以上，最后交付给我一个文档。

图 5-1 提出需求并单击发送

※ 步骤2：Manus执行任务（Manus生成）

接收需求后，Manus首先进行了需求分解与任务规划。如图5-2所示，系统自动生成了结构化的待办事项清单，将复杂的研究需求拆分为多个可执行的研究模块，建立了清晰的研究路径。这种任务分解方法体现了系统对大型研究项目的科学管理能力，确保了研究过程的条理性与完整性。

进入实际研究阶段，Manus开展了广泛的数据收集工作。如图5-3所示，系统通过网页搜索获取非现磨咖啡市场的多源数据，包括行业报告、销售数据、消费者研究、创新产品案例等多类信息。在数据收集过程中，系统注重信息的多元性与代表性，既关注权威行业机构的统计数据，又兼顾消费者评价与市场反馈的第一手资料。

图 5-2　根据需求分析生成待办事项清单

图 5-3　网页搜索进行非现磨咖啡的数据收集和整理

基于整理后的数据，Manus开展了多层次的市场分析工作。如图5-4所示，系统首先生成了非现磨咖啡市场的整体概况，从产品定义、市场规模、主要参与者等宏观角度勾勒出行业全景。这一部分分析建立了研究的基础框架，帮助理解后续细分分析的行业背景。

随后，如图5-5所示，Manus深入分析了非现磨咖啡的历史销售情况，通过时间序列数据展示了不同产品形态的市场表现与消费者接受度变化。这一历史视角分析揭示了市场的演变轨迹与产品生命周期规律，为把握市场动态提供了时间维度的参考。

在市场趋势分析部分，如图5-6所示，系统结合宏观经济环境、消费者行为变化与技术创新等多重因素，预测了非现磨咖啡市场的未来发展方向。这种前瞻性分析不仅关注表面的销售数据变化，更深入剖析了驱动市场变革的根本力量，展现了系统的战略思维能力。

图 5-4　非现磨咖啡市场研究报告第一部分市场概况

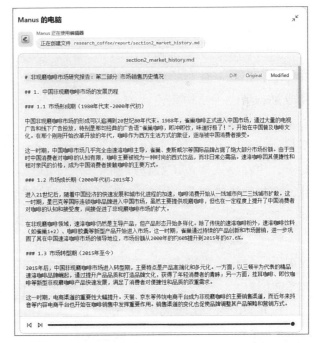

图 5-5　非现磨咖啡市场研究报告第二部分市场销售历史情况

图 5-6　非现磨咖啡市场研究报告第三部分市场发展趋势

※　步骤3：深度数据分析（Manus生成）

如图5-7所示，完成所有分析模块后，Manus整合了各部分研究成果，生成了结构完整、内容丰富的最终研究报告。最终报告不仅满足了15000字以上的篇幅要求，更在格式规范、数据准确性、逻辑严密性等专业标准上达到了高水平。

整个非现磨咖啡市场研究过程展示了Manus在商业分析领域的专业能力。

在市场分析方面高效使用Manus需掌握三项关键技巧。

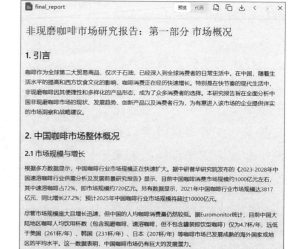

图 5-7　以上各个部分的研究报告，
整理并得到最终报告，进行交付

● 第一层：目标设定——你要Manus做什么？

清晰描述你的需求，确保Manus能理解你的任务。例如，"我需要AI为我创建一份全面、深入的非现磨咖啡市场研究报告，详细分析各种非现磨咖啡产品形态的现状、历史发展和未来趋势。这份报告应包含市场销售数据分析、创新产品案例研究（特别是概念驱动型产品如添加功能性成分的咖啡）、流行趋势变化分析，并最终提供针对性建议，指导我在国内线上平台推出一款非现磨咖啡产品时应该瞄准什么消费群体、参考哪些成功案例以及需要进行哪些创新。整体要求报告长度15000字以上，内容专业、详实且有理有据。"

● 第二层：内容框架——你希望Manus怎么组织内容？

用结构化方式指引输出。将研究报告组织为以下几个主要部分：首先是市场概述，全面梳理非现磨咖啡的各种产品形态（如速溶咖啡、胶囊咖啡、即饮咖啡、冷萃咖啡等）；其次是历史发展分析，追踪各类产品的销售历史数据和消费趋势变化；然后是创新产品分析，详细研究市场上功能性、概念驱动型咖啡产品的案例和表现；接着是流行趋势分析，对比分析曾经流行但现已式微的产品与当前热门产品，并深入分析成功因素；然后是消费者洞察，分析不同年龄段、生活方式和消费习惯的人群对非现磨咖啡的偏好；最后是产品建议部分，综合前述分析，提出具体的目标人群定位、产品定位、创新方向和市场策略建议。每个部分都应包含数据支持、案例分析和逻辑推理。

● 第三层：表达风格——你希望Manus用什么语气？

设定表达方式。应采用专业、客观但不枯燥的语气，表现出对咖啡市场的专业了解和研究态度。报告应使用清晰、准确的语言，在保持学术严谨性的同时确保内容易于理解。数据分析部分应精确引用并提供背景解释，市场趋势分析应既有事实依据又有合理推断，产品建议部分则应具有实用性和前瞻性。整体风格应平衡专业性与可读性，避免过度使用行业术语而不解释，同时也避免过于随意地表达，保持研究报告应有的权威感和信服力，让读者感受到内容的价值和可靠性。

通过这一完整的市场研究案例，可以清晰地看到Manus作为商业分析助手的核心价值，它不仅提供信息收集与数据整理的基础支持，更能够进行深度的市场洞察与策略思考，最终输出专业水准的商业决策参考。这种能力使Manus成为产品开发、市场规划与战略制定过程中的有力工具，能够大幅提升决策的科学性与市场适配度。

5.2 企业经营策略及商业布局

Manus利用其强大的数据处理和分析能力，深入分析市场趋势，帮助企业识别微型电机市场机遇，制定经营策略，获得竞争优势。通过收集关键数据，如市场规模、增长率和竞争格局，Manus为企业提供清晰的市场现状，指导其发展方向。Manus分析市场机会与挑战，揭示细分市场增长潜力，指导企业优化资源配置，聚焦核心市场。Manus为企业定制商业布局方案，包括产品定位、营销策略和销售渠道等，助力企业脱颖而出，实现可持续发展。Manus根据市场变化调整策略，识别风险与机遇，为企业提供应对策略，确保企业在多变的市场环境中保持领先。

Manus可以作为数据分析工具，帮助企业科学高效地制定微型电机的商业布局策略，是企业在市场竞争中取得成功的重要伙伴。

※ 步骤1：向Manus提出疑问及总体需求（人工处理）

用户提出了一项创新型电动辅助自行车商业计划书的制作需求，如图5-8所示。该产品融合了碳纤维材料、微型电机技术与电子皮肤神经信号收集系统，主要面向专业骑行训练市场。这一需求涉及多学科交叉的高科技产品规划，要求深入分析技术可行性、市场前景与商业模式。

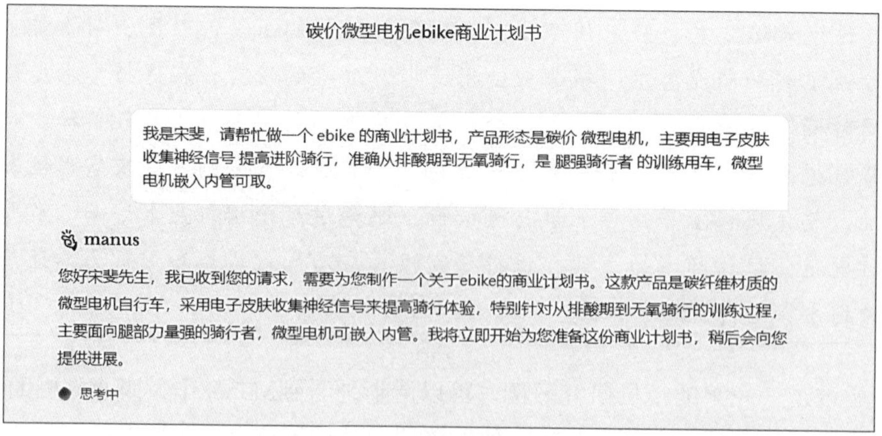

碳价微型电机ebike商业计划书

我是宋斐，请帮忙做一个 ebike 的商业计划书，产品形态是碳价 微型电机，主要用电子皮肤收集神经信号 提高进阶骑行，准确从排酸期到无氧骑行，是 腿强骑行者 的训练用车，微型电机嵌入内管可取。

🐾 manus

您好宋斐先生，我已收到您的请求，需要为您制作一个关于ebike的商业计划书。这款产品是碳纤维材质的微型电机自行车，采用电子皮肤收集神经信号来提高骑行体验，特别针对从排酸期到无氧骑行的训练过程，主要面向腿部力量强的骑行者，微型电机可嵌入内管。我将立即开始为您准备这份商业计划书，稍后会向您提供进展。

● 思考中

图 5-8　输入需求并单击发送

※　步骤2：Manus执行任务（Manus生成）

接收需求后，Manus立即展开了系统化的任务分解工作（见图5-9）。系统自动生成了结构化的待办事项清单，将复杂的商业计划拆分。这种任务分解方法反映了Manus对专业商业计划制定流程的深刻理解，为后续研究建立了清晰的路径图。

进入实际研究阶段，Manus首先开展了广泛的信息收集工作（见图5-10）。系统搜索并整合了电子辅助自行车领域的多源数据，包括市场规模、技术现状、竞争格局等关键信息。在此过程中，系统注重信息的专业性与时效性，确保商业计划建立在最新的市场与技术动态的基础上。

图 5-9　根据输入的需求生成待办事项清单

图 5-10　搜索相关网页的信息并整合

值得注意的是，Manus展示了自我纠错与理解校正的能力（见图5-11）。当系统对用户需求的初始理解存在偏差时，能够基于用户反馈迅速调整搜索方向与分析重点，确保研究方向与用户真实需求保持一致。这种动态调整能力体现了系统的灵活性与用户导向特性。

完成初步信息收集后，Manus开展了多个维度的深入研究，为商业计划提供全方位的专业支持。

系统首先对电机辅助骑行自行车市场进行了系统分析（见图5-12）。这一分析建立了项目的市场基础，确认了产品概念的商业潜力与市场定位。

图 5-11　通过纠正 Manus 的理解偏差，改进搜索选项

图 5-12　通过整理网页上的信息并分析，
得出电机辅助骑行自行车市场研究结果

随后，Manus深入研究了"电子皮肤与神经信号收集技术"的现状与应用前景。这部分研究聚焦于技术可行性分析（见图5-13），评估了核心技术的成熟度、应用限制与发展潜力，为产品的技术路线提供了科学依据。

在市场竞争分析方面，系统专门针对专业骑行训练市场进行了深入研究（见图5-14），分析了目标用户的特征、需求痛点与消费行为，同时评估了现有竞争产品的优劣势。这一竞争分析帮助识别了市场机会与差异化定位点，为产品策略提供了针对性指导。

图 5-13　通过收集整理网页上的信息并分析，形成电子皮肤与神经信号收集技术研究报告

图 5-14　通过收集整理网页中的信息，分析形成专业骑行训练市场与竞争分析报告

产品规格研究是商业计划的核心环节。Manus基于前期研究成果，详细规划了碳纤维微型电机辅助骑行自行车的产品规格（见图5-15）。这一规格设计既考虑了技术可行性，又满足了目标用户的专业需求，体现了团队将市场洞察转化为产品方案的能力。

在技术与市场研究的基础上，Manus进一步开展了商业模式设计与财务预测工作（见图5-16）。系统构建了完整的商业模式框架。同时，系统还提供了详细的财务预测，为项目的财务可行性提供了量化依据。

图 5-15　通过收集整理网页中的信息，分析得到碳纤维微型电机辅助骑行自行车产品规格研究

图 5-16　通过以上研究分析，重新整合并编制商业模式与财务预测计划书

完善的商业计划离不开系统化的营销策略与实施路径（见图5-17）。Manus设计了全面的营销与销售策略，并将其分解为六个阶段的实施计划。每个阶段都配备了明确的目标、具体活动、预算分配与效果评估指标，形成了可直接执行的营销路线图。

图 5-17　营销和销售策略设计

※　步骤3：生成营销方案（Manus生成）

通过整体的营销和销售策略的设计，综合得出详细的实施计划，按照六个阶段进行，还制定了详细的实施计划，并配备了相应的预算分配和ROI评估指标。

在完成各模块研究后，Manus进行了全面的信息整合与文档生成（见图5-18）。系统将前期研究的所有关键发现与战略建议整合为一份结构完整、内容丰富的商业计划书。最终计划书不仅在格式上符合专业标准，在内容上也实现了技术分析、市场洞察与商业策略的有机统一，为项目实施提供了全面的指导。

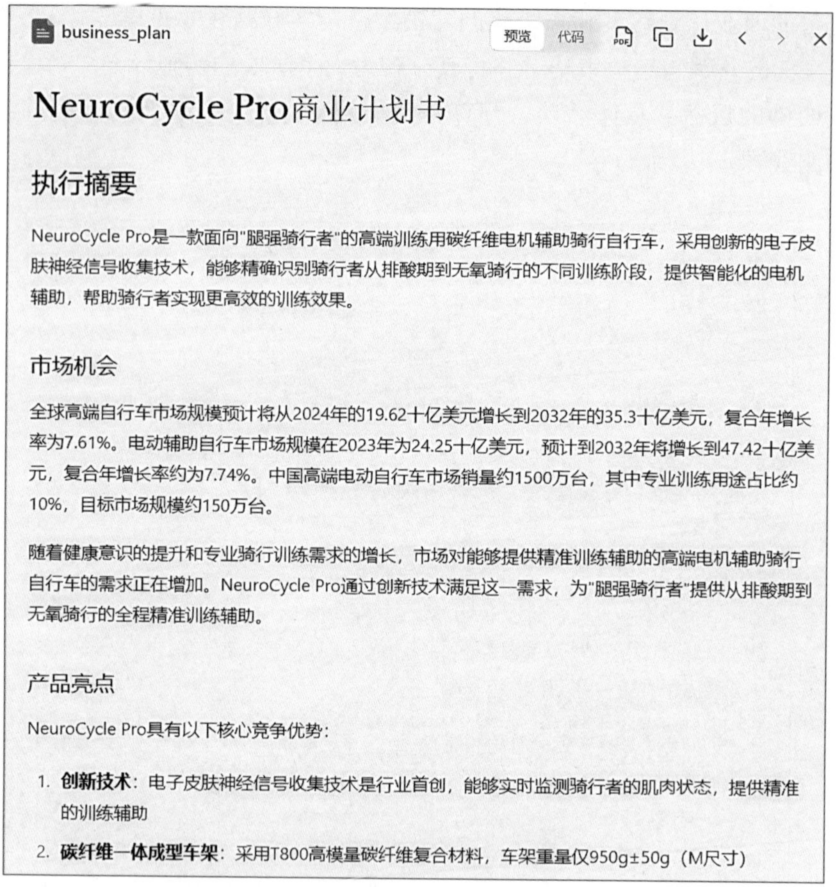

图 5-18　最终形成的商业计划书

整个电子辅助自行车商业计划的制定过程展现了Manus在专业商业规划领域的系统能力。高效使用Manus需掌握三项关键技巧。

● **第一层：目标设定——你要Manus做什么？**

清晰描述你的需求，确保Manus能理解你的任务。例如，"我需要创建一份专业的电动自行车商业计划书，重点介绍我设计的创新产品，即一款采用碳纤维车架、配备可拆卸微型电机的高级训练用自行车。这款产品的核心技术亮点是使用电子皮肤收集骑行者的神经信号，能够精确识别从排酸期到无氧骑行的各种生理状态，专为追求进阶骑行体验的专业骑行者设计，帮助他们进行更科学、更有效的训练。"

● 第二层：内容框架——你希望Manus怎么组织内容？

用结构化方式指引输出。商业计划书组织为以下几个主要部分：首先是执行摘要，简明扼要地介绍产品概念和市场机会；接着是市场分析，包括目标用户画像、市场规模和竞争分析；然后详细描述产品特性，重点阐述碳纤维车架设计、电子皮肤神经信号采集技术、微型电机系统及其如何提升骑行训练效果；之后是商业模式部分，包括定价策略、销售渠道和收入来源；接着是营销策略，详述品牌定位和推广计划；然后是财务预测，包括启动成本、收入预测和盈亏平衡分析；最后是实施计划，列出产品开发、生产和上市的时间表。每个部分都应包含相关数据支持和图表说明。

● 第三层：表达风格——你希望Manus用什么语气？

设定表达方式。应采用专业、自信但不过于技术化的语气，表现出对创新产品的热情和对市场的深刻理解。语言应简洁明了，在介绍技术特性时保持清晰易懂，同时运用适当的专业术语展示对自行车行业和训练科学的专业知识。整体风格应既显示商业洞察力又体现对目标用户（专业骑行者）的理解和尊重，平衡技术创新描述与商业可行性分析，使计划书既能吸引潜在投资者，又能清晰传达产品概念和市场价值。

通过这一案例，可以清晰地看到Manus在商业计划制定领域的核心价值，系统能够将分散的市场信息、技术知识与商业洞察整合为一体化的战略规划，为创新产品从概念到市场的全过程提供专业指导。这种能力使Manus成为创业团队、产品经理、投资决策者的有力工具，能够显著提升商业规划的专业性、全面性、执行可行性。

5.3　从调研到执行的一键式营销

Manus公司提供一站式服务，涵盖市场调研、策略制定到执行监控，利用深入的数据分析和实时监控技术，帮助企业洞察市场动态，制定高效营销策略，提升市场响应速度和占有率，为企业提供定制化解决方案，关注长期市场趋势，结合行业洞察和消费者心理分析，确保策略的全面性。

※ 步骤1：进入Manus系统提交需求（人工处理）

用户提出了制作AI硬件行业报告的需求，要求包含图文介绍、PPT演示文稿、案例分析及公司、团队与产品介绍等多个维度的内容（见图5-19）。这一需求涉及AI硬件这一高度专业且快速发展的技术领域，要求系统能够获取最新的行业数据，并以多种形式呈现专业分析结果。

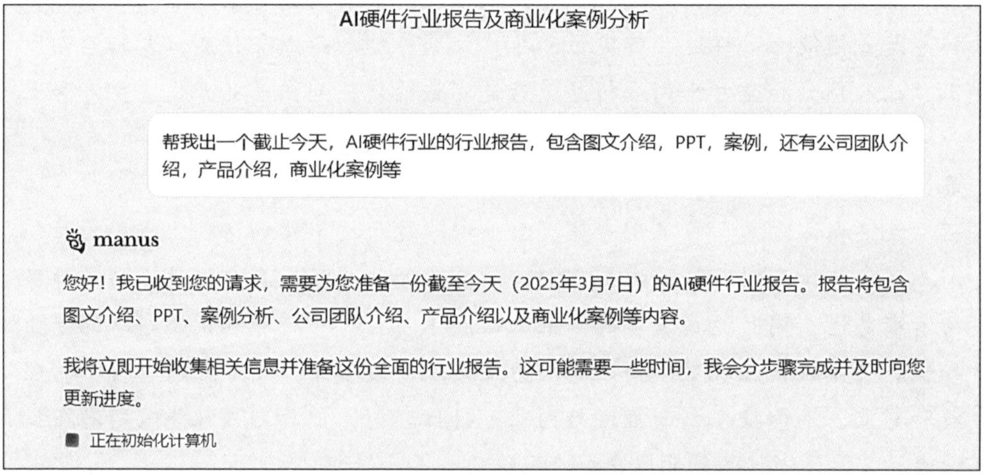

AI硬件行业报告及商业化案例分析

帮我出一个截止今天，AI硬件行业的行业报告，包含图文介绍，PPT，案例，还有公司团队介绍，产品介绍，商业化案例等

🐾 manus

您好！我已收到您的请求，需要为您准备一份截至今天（2025年3月7日）的AI硬件行业报告。报告将包含图文介绍、PPT、案例分析、公司团队介绍、产品介绍以及商业化案例等内容。

我将立即开始收集相关信息并准备这份全面的行业报告。这可能需要一些时间，我会分步骤完成并及时向您更新进度。

■ 正在初始化计算机

图 5-19 通过提出需求并单击发送，Manus 进行反馈

※ 步骤2：Manus自动进行思考和工作（Manus生成）

Manus接收需求后，立即对任务进行了系统化分解（见图5-20）。系统自动生成了结构化的待办事项清单，将复杂的行业分析任务拆分为多个可执行模块。这种任务分解方法建立了清晰的工作路径，确保了最终报告的完整性与专业性。

进入实际研究阶段，Manus首先开展了广泛的信息收集工作（见图5-21）。系统搜索并筛选了大量关于AI硬件领域的最新资料。在搜索过程中，系统特别注重信息的时效性与专业性，确保行业报告反映当前AI硬件市场的真实状况。

信息收集完成后，Manus进行了系统化的资料整理与分类，将海量原始数据转化为结构化的分析素材。这一过程充分体现了系统在专业领域信息处理方面的高效能力，为后续的深度分析奠定了坚实基础。

图 5-20　根据需求生成待办事项清单

图 5-21　通过网页的信息搜索，进行分析并且找到我们需要的信息

在资料整理的基础上，Manus开展了多个维度的深入分析，全面呈现AI硬件行业的发展现状与未来趋势。

系统首先生成了AI硬件行业的整体概况分析（见图5-22），这部分分析建立了报告的框架结构，帮助读者快速理解AI硬件行业的基本情况与发展脉络。

图 5-22　根据搜索和分析得出 AI 硬件行业概况分析报告

随后，Manus深入分析了AI硬件行业的关键公司与代表性产品（见图5-23）。通过对比分析揭示了不同企业在AI硬件领域的定位差异与竞争优势。这一部分分析不仅提供了行业竞争格局的清晰图景，还为投资决策与合作选择提供了专业参考。

在市场趋势研究环节，系统整合了大量统计数据（见图5-24），从多个角度呈现了AI硬件行业的发展态势。这些量化分析不仅增强了报告的说服力，还通过数据可视化技术提高了信息的直观性与可读性。

图 5-23　通过再次搜索并分析得出 AI 硬件行业关键公司与产品分析报告

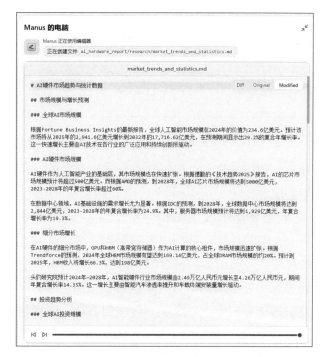

图 5-24　通过再次搜索并分析得出 AI 硬件市场趋势与统计数据

为了增强报告的实用价值，Manus还特别关注了AI硬件的商业应用案例。系统收集并分析了多个行业的AI硬件应用案例（见图5-25）。这些案例研究将抽象的技术概念转化为具体的商业实践，增强了报告的参考价值与实用性。

图 5-25　通过结合搜索出来的案例，生成 AI 硬件商业应用与案例研究分析

完成专业分析后，Manus进一步将研究成果转化为多种形式的呈现内容，满足不同场景的使用需求。

系统基于研究成果自动生成了结构完整、内容专业的PPT演示文稿（见图5-26）。这一演示文稿既保持了分析内容的专业深度，又通过精简表达与视觉设计提高了信息的可读性与吸引力，适合在演讲、汇报等场景中使用。

同时，系统还生成了完整的网页版行业报告（见图5-27）。这一网页版报告整合了所有研究模块的核心内容，形成了一份结构清晰、内容全面、图文并茂的最终成果。网页版报告不仅便于线上阅读与分享，还支持内容交互与动态更新，增强了用户体验与信息时效性。

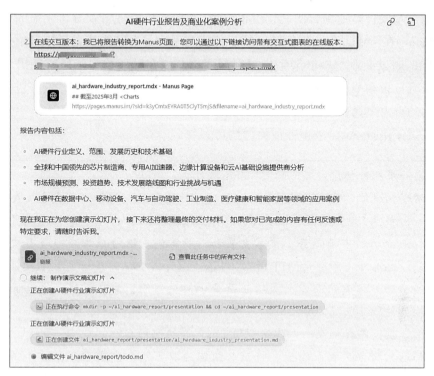

图 5-26 通过在线交互版的报告生成相应 PPT 的内容

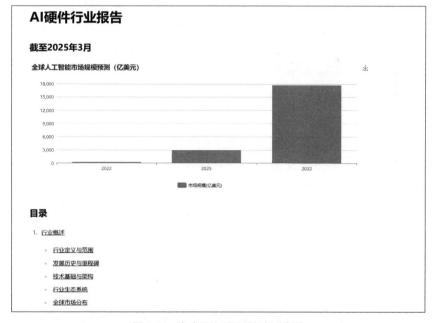

图 5-27 生成最终网页版的行业报告

整个AI硬件行业报告的制作过程展现了Manus在专业行业分析领域的系统能力。Manus在行业报告制作领域的核心价值在于，其系统能从大量信息中提取关键数据，通过专业分析框架生成深度洞察，并以多种形式展示研究成果，为决策、投资分析和战略规划提供支持。这使得Manus成为研究部门、投资机构和咨询公司的有力工具，显著提升行业研究效率和专业性。

高效使用Manus需掌握三项关键技巧。

● 第一层：目标设定——你要Manus做什么？

清晰描述你的需求，确保Manus能理解你的任务。例如，"我需要AI帮我创建一份截至2025年4月2日的AI硬件行业全面报告，内容丰富且图文并茂，包含行业分析、市场趋势、技术发展和商业案例。这份报告应当既有文字说明部分，也有可用于演示的PPT格式内容，同时需要详细介绍主要AI硬件公司的团队背景、核心产品以及成功的商业化应用案例，为我提供一个全面了解当前AI硬件行业状况的专业资料。"

● 第二层：内容框架——你希望Manus怎么组织内容？

用结构化方式指引输出。将报告组织为以下几个主要部分：首先是行业概述，包含市场规模、增长率和主要驱动因素；其次是技术分析部分，详细介绍AI芯片、加速器、边缘计算设备等主要硬件类别的发展现状；然后是重点公司分析；接着是产品对比分析，评估各产品的性能、功耗、价格等关键指标；最后是商业应用案例展示，如数据中心、自动驾驶、智能制造等领域的实际应用。每个部分都应包含相关图表、数据和图片。

● 第三层：表达风格——你希望Manus用什么语气？

设定表达方式。采用专业但不过于技术化的语气，保持客观中立的态度呈现行业信息，同时带有适度的前瞻性和洞察力。报告语言应清晰简洁，避免晦涩难懂的专业术语，或必要时提供解释。数据分析应严谨可信，图表设计应直观易懂，整体风格应保持一致的专业感，同时富有吸引力，能够吸引不同背景的读者，无论是行业专家还是对AI硬件感兴趣的普通读者都能获取有价值的信息。

在信息量巨大但高质量分析不足的商业环境中，Manus的报告制作能力尤为重要。系统能快速处理大量信息，并通过专业分析框架提取商业洞察，帮助决策者在多变市场中把握行业方向和投资机会，为战略规划和创新提供科学依据。

5.4 智能精准评估人才价值

人力资源管理面临的关键挑战之一是高效识别人才。传统简历筛选方法耗时且主观，影响评估一致性。Manus智能系统通过自动化简历筛选，提高了效率和准确性，使HR能集中精力于复杂决策。系统通过结构化步骤，如职位要求分析、简历信息提取和候选人能力评估，为HR提供全流程支持。Manus不仅能匹配关键词，还能理解语义相关性，提高评估准确性。系统生成的评估报告帮助HR制订面试名单，减少主观因素影响，提高招聘公平性。Manus的智能简历筛选提高了招聘效率和质量，减少了人为偏见，确保了评估的公平性。长期来看，Manus积累的招聘数据帮助企业优化招聘策略，形成更精准的人才识别模型。Manus不仅提升了HR的工作效率，还革新了工作方式，使HR能专注于更具战略价值的工作。Manus在简历筛选领域的应用展示了智能系统在人力资源管理中的潜力，推动了从直觉驱动型决策向数据支持型决策的转变。

※ 步骤1：提出需求（人工处理）

在浏览器中搜索Manus，进入其官方网站，按照提示步骤注册账号，接着登录Manus（见图5-28）。接下来，在附件上传部分上传你想要筛选的简历文件（见图5-29），并在Manus的搜索框中输入你的详细招聘条件。

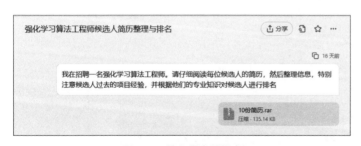

图 5-28 输入需求并提交

图 5-29 请上传包含 10 份简历的附件

※ 步骤2：Manus开始根据需求进行工作（Manus生成）

接下来的步骤将由Manus自动完成，无须人工干预，我们只需耐心等待成果。Manus已开始处理所提出的任务，如图5-30所示，Manus对上传的简历附件进行分析和信息提取。

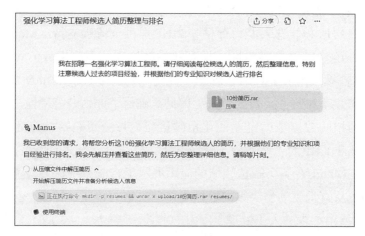

图 5-30　Manus 思索着怎样展开思考

接下来，Manus着手整理任务清单（见图5-31），并且逐一审视每份简历的每一页（见图5-32）。如图5-33所示，Manus特别留意了应聘者的工作经历。如图5-34所示，Manus从简历中提取并整合关键信息。

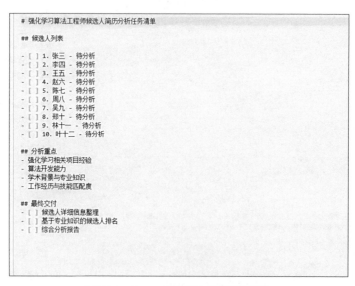

图 5-31　Manus 呈现待办事项任务清单

图 5-32　审视首份求职者的简历

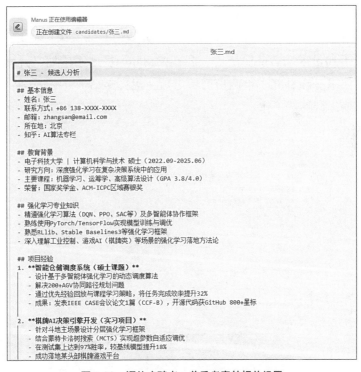

图 5-33　评估应聘者，着重考察其相关经历

图 5-34 对候选人 1 的简历进行分析和提炼

Manus AI助手软件的操作模式与人类相似，它能自动地解压缩文件，逐页审阅简历，抽取重要数据，并依据工作经验等标准对求职者进行排序。整个过程对提出需求的用户而言是透明可见的。

※ 步骤3：提出新的需求（可以人工处理，如果没有新需求，则可忽略）

在审阅了10份求职者的简历后，我们向Manus提出了增加2份简历并纳入筛选流程的新要求。在补充了这两份简历之后（见图5-35），Manus将它们纳入了任务中，继续进行筛选工作。

图 5-35 Manus 在添加了两份简历之后，继续执行筛选任务

※　步骤4：完成任务后自动查看成果（Manus生成+人工处理）

如图5-36所示，Manus已经基本完成了清单上的任务，我们现在能够浏览所有的分析结果，并且可以单击链接查看候选人的排名以及相关标准文件（见图5-37）。

图 5-36　清单上的任务基本完成，现在能够浏览所有分析得出的结果

图 5-37　单击浏览候选人的排名及评价准则文档

※ 步骤5：提出汇总成表格的需求（Manus生成）

为了整合分析数据，我们请求Manus创建一份电子表格，具体要求是整理数据以便人力资源部门能用Excel轻松查看。随后，Manus在需求清单中添加了制作电子表格的任务（见图5-38）。Manus按照需求顺利完成了数据的整合和表格的制作（见图5-39）。

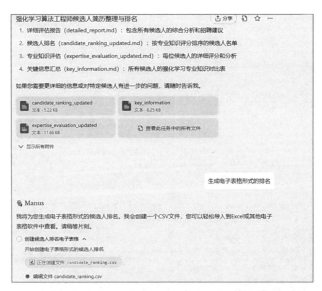

图 5-38　Manus 将创建电子表格的工作添加到需求清单中

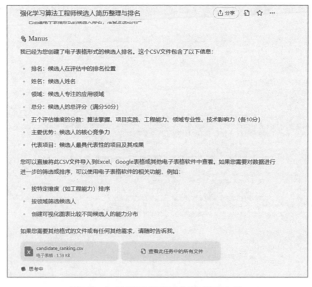

图 5-39　依照任务清单制作电子表格

※ 步骤6：完成全部任务

Manus成功地完成了任务，用户现在可以下载表格，以查看包含候选人排名和各项评价标准的详细结果（见图5-40）。

	排名	姓名	领域	总分	算法掌握	项目实践	工程能力	领域专业性	技术影响力
1	1	叶十二	计算生物学	45	9	9	8	10	9
2	1	秦十六	气候科学	45	8	9	9	10	9
3	3	李四	机器人与自动驾驶	43	8	9	9	9	8
4	3	王五	医疗决策	43	8	9	7	10	9
5	3	郑十	工业制造	43	8	9	9	9	8
6	6	周八	教育	42	8	8	8	9	9
7	7	陈七	绿色能源	40	8	8	7	9	8
8	7	林十一	航天	40	8	8	8	9	7
9	7	楚十七	文化遗产	40	8	8	7	9	8
10	10	张三	综合应用	39	9	8	8	7	7
11	10	赵六	量化交易	39	7	8	9	8	7
12	12	吴九	农业	37	7	8	7	8	7
13									
14									
15									
16									
17									
18									
19									
20									
21									
22									

图 5-40 生成电子表格，包含候选人排名及评价准则

智能简历筛选作为Manus在人力资源领域的核心应用，正在彻底改变企业招聘流程的效率与质量。通过全流程自动化与智能化处理，该系统能够在海量应聘资料中精准识别最匹配的人才，同时消除传统人工筛选中常见的主观偏见，为企业构建更加高效、公正的人才选拔环境。Manus在简历筛选领域展现出三大核心技术优势，这些优势共同构成了其卓越绩效的基础。

在人力资源领域，高效使用Manus需掌握三项关键技巧。

● 第一层：目标设定——你要Manus做什么？

清晰描述你的需求，确保Manus能理解你的任务。例如，"我需要筛选和评估强化学习算法工程师候选人的简历，归纳整理每位候选人的相关信息，特别关注他们的项目经验，并基于他们在强化学习领域的专业知识对候选人进行排名，最终为招聘决策提供清晰的参考依据。"

- 第二层：内容框架——你希望Manus怎么组织内容？

  用结构化方式指引输出。对每位候选人的简历进行详细分析，提取关键信息如教育背景、工作经历、技术能力和项目经验，尤其要深入挖掘与强化学习相关的项目细节。然后创建一个结构化的比较表格，包含候选人的基本信息、技能匹配度、项目经验评估和整体排名。最后提供一个简洁的总结，解释排名依据并给出招聘建议。

- 第三层：表达风格——你希望Manus用什么语气？

  设定表达方式。采用专业但平易近人的语气，使用清晰简洁的语言表达复杂的技术评估，避免过于学术化的术语。内容应当客观公正，基于事实而非假设，同时保持积极的基调，既指出候选人的优势，也诚实地提出潜在的不足之处，为招聘决策提供全面而务实的参考。

随着人工智能技术的持续进步，Manus智能简历筛选系统的能力将不断扩展与深化。未来系统有望整合更多数据源，如职业社交网络、专业认证平台、开源项目等，构建更全面的候选人画像。同时，预测分析能力的增强将使系统能够评估候选人的长期发展潜力与文化适应性，从而支持更具前瞻性的人才决策。

系统将逐步发展成为贯穿整个招聘周期的智能助手，不仅能处理简历筛选，还能辅助面试问题设计、候选人评估、入职准备，形成一体化的人才获取解决方案。这种全周期支持将进一步提升招聘流程的一致性与效率，为企业构建持续的人才竞争优势。

Manus智能简历筛选代表了人力资源管理数字化转型的重要方向，它不仅提高了操作效率，更深刻地改变了人才评估与选择的方法。通过数据驱动与智能算法，系统使人才决策更加客观、准确与高效，为企业在知识经济时代的人才竞争中提供了有力支持。掌握这一智能工具的有效使用方法，将成为现代人力资源专业人员的核心竞争力之一。